IOT with ESP8266 Microcontroller

ESP8266 마이크로컨트롤러를 이용한

사물인터넷 구축

염 효 영 저

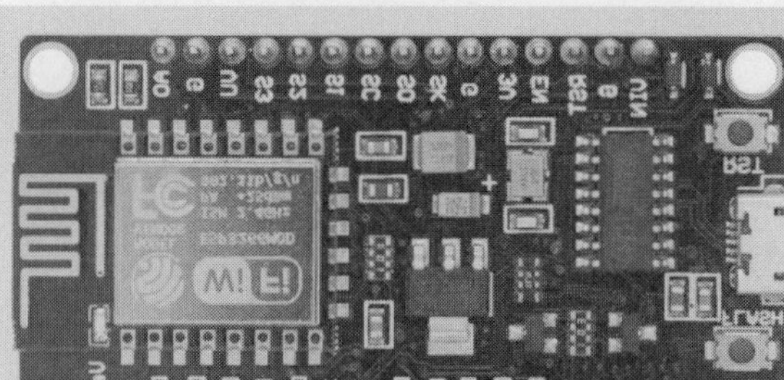

도서출판 상 학 당

머리말

이 책은 기초적인 프로그래밍 지식과 아두이노 같은 마이크로 컨트롤러를 사용해 본 경험이 있고 사물인터넷에 관심이 있는 분들을 위해서 작성했다.

이 책에서는 ESP8266 마이크로 컨트롤러 사용하고, 여기에 웹서버 구축과 이 웹서버를 이용해서 마이크로 컨트롤러에 연결한 각종 장치들을 제어하는 방법을 따라 할 수 있도록 작성하였다.

만일 마이크로 컨트롤러를 사용해 본 경험이 전혀 없다면 필자가 쓴 《실험을 위한 측정과 제어》를 먼저 볼 것을 추천한다.

ESP8266 시리즈 마이크로 컨트롤러의 초기 버전인 ESP-01은 알려진 소프트웨어 모듈이 거의 없었고, 기능이 제한적이어서 ESP-01 자체만으로는 주변 장치를 제어하는데 상당한 제한이 있었다. 따라서 일반적으로 아두이노로 잘 알려진 Atmel328p 등 다른 마이크로 컨트롤러와 연결해서 ESP-01은 WiFi 모듈 형태로 사용했다.

ESP-01의 가장 큰 문제점은 ESP-01이 대기상태로 오랜 시간을 기다릴 때 에너지 절약을 위해 deep sleep 상태로 들어가는데 명령을 주어도 깨지 않고 먹통이 되는 등 여러 문제가 있어서 ESP-01 마이크로 컨트롤러의 상태를 감시하는 워치독 프로그램을 만들고, ESP-01와 연결된 마이크로 컨트롤러에 넣어서 사용했다. 이 경우도 동작은 제대로 했지만 만일 사용자가 명령을 넣었는데 ESP-01이 먹통 상태라면 연결된 마이크로 컨트롤러에서 재부팅을 시키고 WiFi에 연결하는 등 다시 동작할 때까지 수십 초의 시간지연이 발생해서 실제 사용에는 불편함이 많았다.

ESP 시리즈는 ESP-02를 지나 ESP-07 등을 거치면서 단계적 발전이 있었고, ESP-12 시리즈가 나오면서 이런 문제들은 말끔히 사라졌다. 현재까지 ESP-12E와 ESP-12S를 사용해서 만든 IOT 장치를 필자는 수년간 사용하고 있지만 단 한 번도 문제를 일으키지 않고 정확히 작동하고 있다.

1장에서 5장까지 프로그램을 테스트할 때는 필요한 주변 장치들이 내장된 ESP8266 NodeMCU를 사용하고, 테스트가 끝나면 ESP-12S에 프로그램을 넣고 ESP-12S에 맞게 설계된 회로에 넣어서 사용한다. 6장에는 실제 사용할 회로를 설계하고, PCB로 만든 것을 보였다. 7장에서는 ESP-12S에 프로그램을 넣기 위해 간단한 writer 제작과 사용법을 설명했다. 마지막으로 외부에서 IOT 장치를 연결하려면 라우터의 포트 포워딩 기능을 사용해야만 하는데 8장에서 이 부분에 대한 설명과 설정 방법을 자세히 설명했다.

이 책은 장치 제작과 사용을 목적으로 하지 않아도 ESP8266 NodeMCU와 LED와 저항 그리고 브레드보드가 있으면 쉽게 따라서 만들 수 있고, 프로그램을 테스트할 수 있어서 IOT에 대한 이해와 하드웨어와 소프트웨어 사이의 관계를 공부하고 이해하는데 도움이 될 것을 기대한다.

이 책에 수록된 모든 프로그램은 실제 테스트를 통해서 모두 제대로 동작하는 것을 확인하고 넣었다.

책 출판에 힘써 주신 도서출판 상학당의 남승우 사장님께 감사드리고, 원고 작성에 조언과 세심한 교정을 해주신 모든 상학당 관계자분께 감사드린다.

2024년 1월
저자 올림

차 례

01 ESP8266과 ESP32의 비교 선택

1.1 ESP8266과 ESP32의 비교

ESP8266은 TCP/IP 프로토콜을 지원하는 네트워크 소프트웨어와 WiFi가 내장된 저가형 마이크로 컨트롤러로 중국 상하이에 본사를 둔 Espressif Systems에서 만들었다.

ESP8266 시리즈 마이크로 컨트롤러는 2개의 GPIOs를 지닌 ESP-01에서 9개의 GPIOs를 지닌 ESP-12E와 ESP-12F 그리고 ESP-12S 까지 많은 변화가 있었다.

〈표 1.1〉 ESP8266과 ESP32의 스펙 비교

	ESP8266	ESP32
MCU	Xtensa Single-core 32bit L106	Xtensa Dual-core 32bit LX6
WiFI	HT20 (2.4G)	HT40 (5G)
Bluetooth	x	4.2 and BLE
Clock	80MHz	160MHz (Up to 240MHz)
GPIO	17	34
Software PWM	8	16
SPI/I2C/I2S/UART	2/1/2/2	4/2/2/2
ADC	10-bit	12-bit
CAN	x	o
Ethernet MAC interface	x	o
Touch Sensor	x	o
Temperature Sensor	x	o
Hall effect Sensor	x	o
Working Temperature	-40℃ - 125℃	-40℃ - 125℃

ESP8266과 ESP32를 비교해 보면 ESP-12는 80MHz 32비트 싱글 프로세서를 내장하고 있고, ESP32는 최대 240MHz까지 동작하는 32비트 듀얼코어 프로세서를 내장하고 있다.

WiFi는 ESP8266이 HT20으로 2.4GHz 밴드를 사용하고 ESP32는 HT40으로 5GHz 밴드를 사용한다. GPIO 개수도 각각 17개와 36개가 있다.

ESP32는 Bluetooth가 내장되어 있지만 ESP8266은 없다. A/D 컨버터도 각각 10비트와 12비트 컨버터를 내장하고 있다. 또한 터치센서, 온도센서, 홀센서 등은 ESP32에는 내장되어 있으니 ESP8266에는 없다.

ESP8266과 ESP32의 비교 스펙 비교를 〈표 1.1〉에 넣었다. 사용 목적과 용도에 맞게 스펙을 보고 어떤 것을 사용할지 선택하면 된다.

블루투스를 이용해야 하거나 다른 ESP32만 갖고 있는 기능을 사용하지 않고 일반적인 제어가 목적이라면 ESP8266으로도 충분하다.

웹서버에 http뿐만 아니라 https를 사용한다면 ESP32 사용을 추천한다. https는 보안을 위해 데이터를 송신과 수신하는데 모두 인코딩과 디코딩을 해야 하므로 단순한 제어 이상의 프로세서 성능을 요구한다. ESP8266으로 https 서비스를 할 수 있지만 프로세서에 부하로 제어 반응속도가 느려지는 등 문제가 간혹 발생하기도 한다.

02 ESP8266 기초 사용법

2.1 Arduino IDE 설치

2.2 ESP8266 보드 모듈 설치

2.3 Arduino IDE에서 ESP8266 프로그래밍

2.4 ESP8266 NodeMCU 핀 배치

2.5 ESP8266 웹서버

먼저 ESP8266의 가장 기본적인 사용 방법을 알아보자.

ESP8266을 사용하기 위해 Arduino IDE를 받아서 PC에 설치해야 한다. Arduino IDE는 소스가 공개된 프로그램으로 Arduino 보드를 프로그램할 수 있게 되어 있는데 프로세서 모듈만 설치하면 ESP8266과 같은 다른 보드도 똑같이 사용할 수 있는 장점이 있다.

2.1 Arduino IDE 설치

Arduino IDE는 JAVA 환경에서 동작하므로 먼저 꼭 JAVA를 설치해야 한다. 자바 프로그램을 받을 수 있는 사이트는 다음과 같다. 여기서 가장 최신 버전을 받아서 설치하면 된다.

http://java.com/download

Arduino IDE는 다음 사이트에서 받아서 설치하면 된다.

https://www.arduino.cc/en/software

프로그램이 설치되면 바탕화면에 다음과 같은 아이콘이 생기고 이것을 누르면 [그림 2.1.1]과 같이 Arduino IDE 프로그램이 실행된다.

[그림 2.1.1] Arduino IDE 처음 실행 화면

2.2 ESP8266 보드 모듈 설치

ESP8266 모듈을 설치하기 위해 [그림 2.2.1]과 같이 Tool → Board → Board Manager를 선택한다. 그러면 [그림 2.2.2]와 같이 창 왼쪽에 설치되어 있거나 설치할 수 있는 보드 목록이 나타난다.

여기서 [그림 2.2.3]과 같이 Board Manager 검색창에 ESP8266을 넣으면 ESP8266 보드 목록만 나타난다. 만일 [그림 2.2.4]와 같아 목록에 아무것도 나타나지 않는다면 다음 절차에 따라 ESP8266 보드 링크를 넣어야 한다.

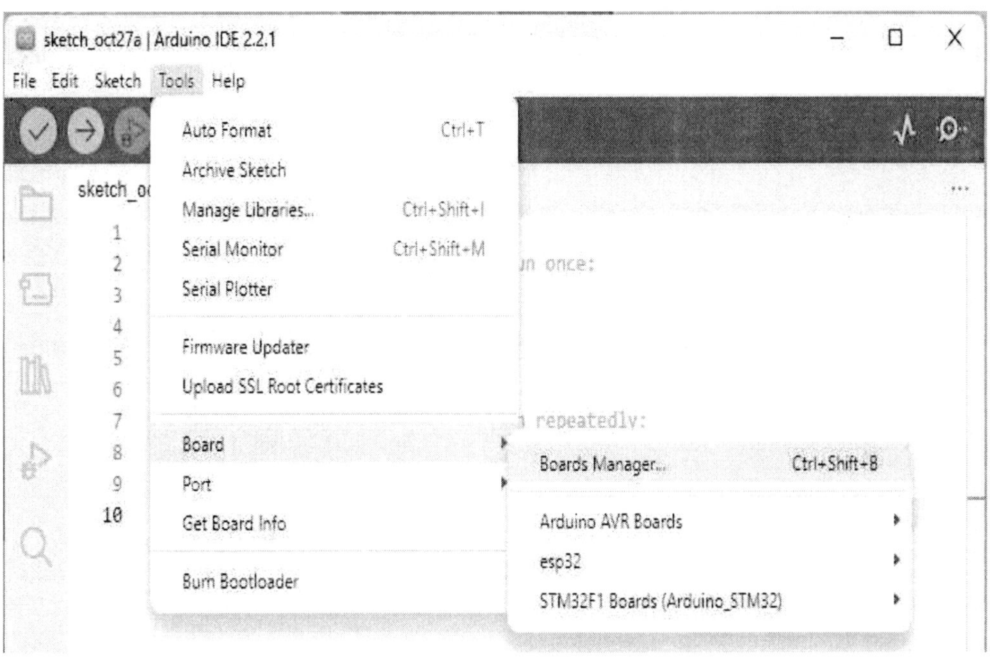

[그림 2.2.1] Board Manager 불러오기

[그림 2.2.2] Board Manager 창

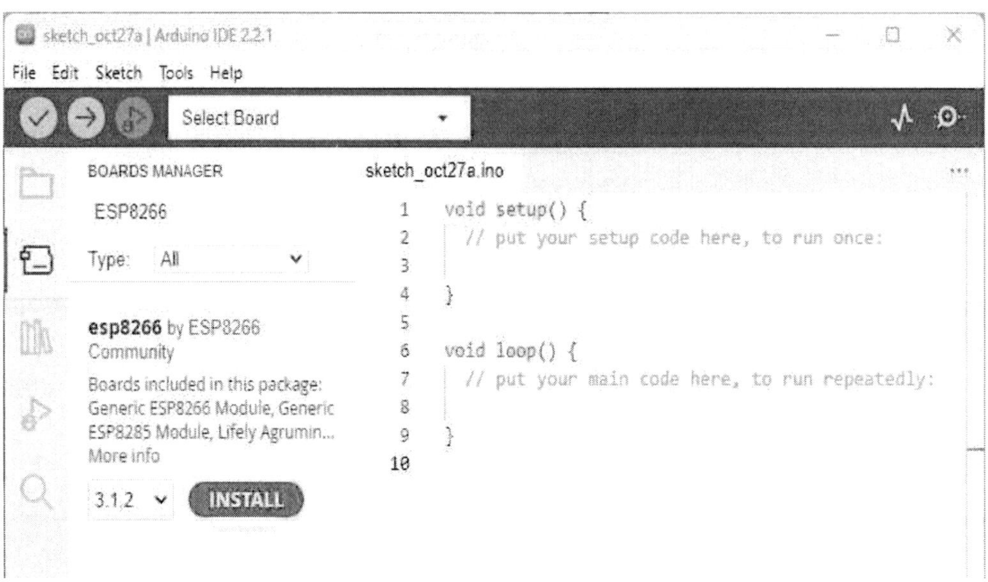

[그림 2.2.3] ESP8266 보드 불러오기

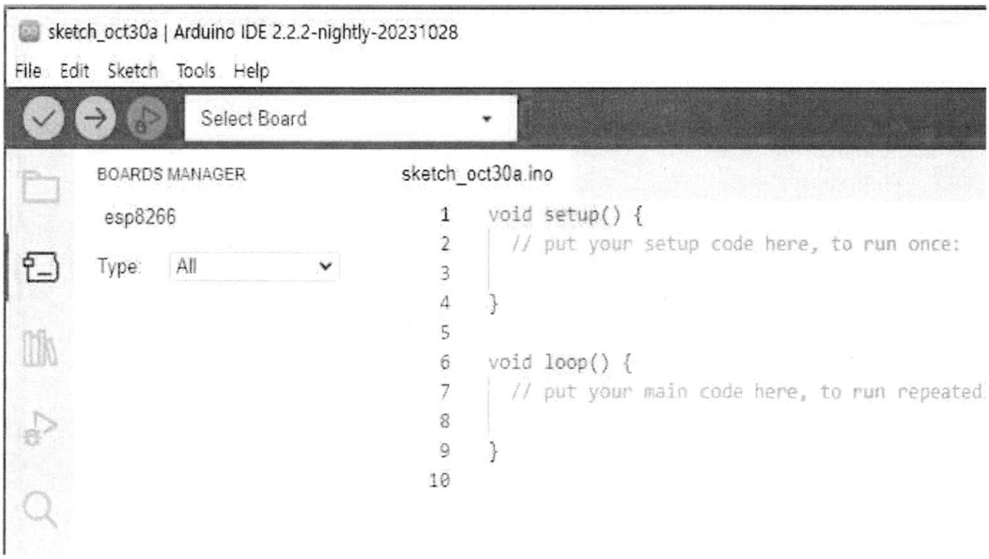

[그림 2.2.4] ESP8266 보드 목록이 없는 경우

[그림 2.2.5]와 같이 메뉴에서 File → Preference로 들어가면 [그림 2.2.6]과 같은 Preference 창이 나타난다.

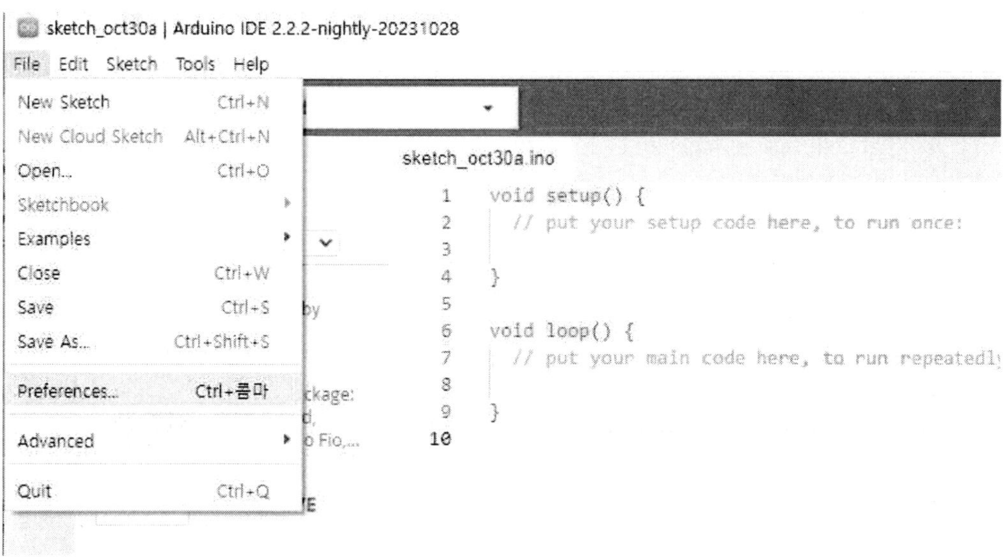

[그림 2.2.5] ESP8266 보드 목록 추가 단계 1

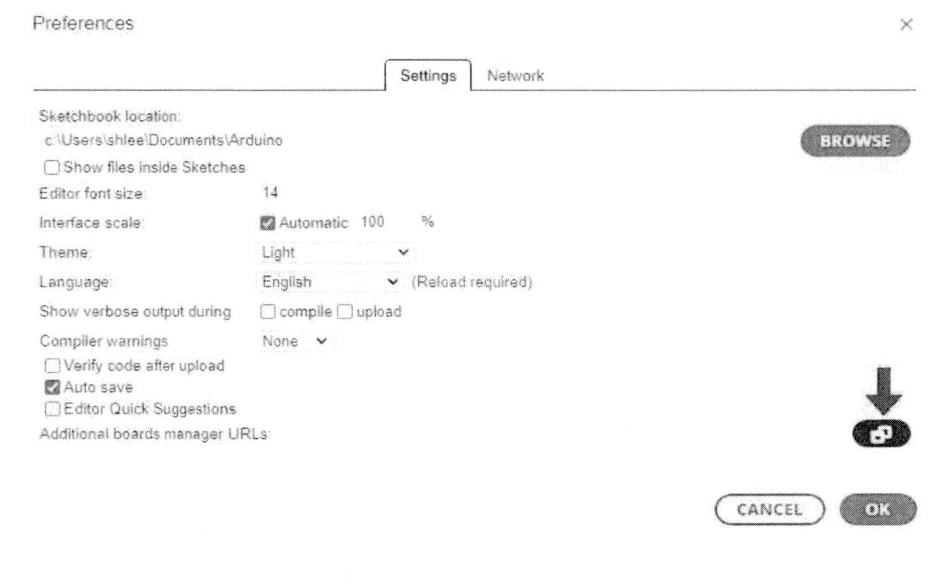

[그림 2.2.6] ESP8266 보드 목록 추가 단계 2

창에서 Additional boards manager URLs에 링크를 넣기 위해 [그림 2.2.6]에서 빨간 화살표로 표시된 버튼을 누른다.

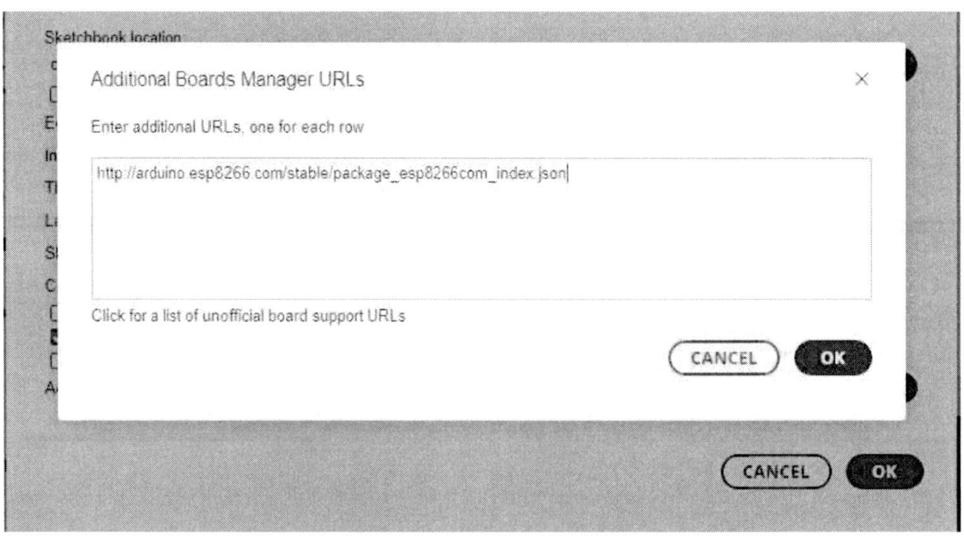

[그림 2.2.7] ESP8266 보드 목록 추가 단계 3

[그림 2.2.7]과 같이 URL을 넣는 곳에 ESP8266 보드 URL을 추가하고 OK 버튼을 누른다. ESP8266 보드 URL은 다음과 같다.

http://arduino.esp8266.com/stable/package_esp8266com_index.json

URL을 추가한 후 board manager에서 ESP8266을 찾으면 [그림 2.2.3]과 같이 ESP8266 보드 목록만 나타난다. 만일 선택한 보드 모듈이 이미 설치되어 있다면 REMOVE로 표기되고, 설치가 되어 있지 안다면 INSTALL로 표시된 버튼을 눌러서 필요한 모듈을 설치하면 된다. 버전 또한 여러 가지가 있으므로 가장 최근 것을 설치한다. 만일 설치된 것이 구버전이라면 이 경우도 최신 것으로 설치하면 된다.

테스트에 사용한 ESP8266은 NodeMCU ESP8266으로 [그림 2.2.8]과 같이 CH340 통신 칩을 사용한 보드를 사용했다.

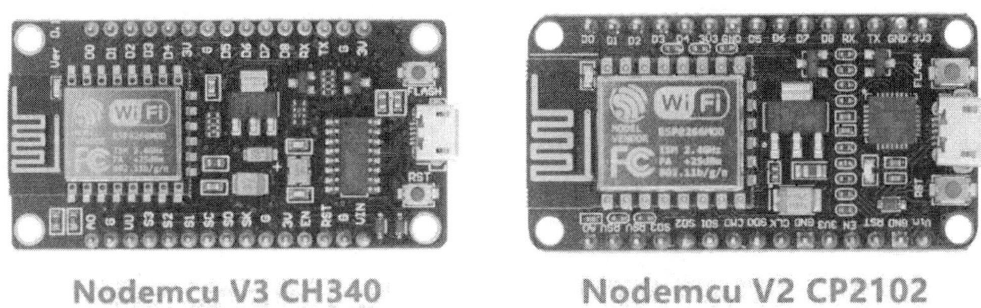

[그림 2.2.8] NodeMCU ESP8266

ESP8266 NodeMCU를 PC와 USB 포트를 이용해서 연결하고 통신포트와 연결이 잘 되었는지 device Manager를 실행해서 [그림 2.2.9]와 같이 확인한다.

통신포트가 연결되면 [그림 2.2.10]과 같이 PC와 연결된 포트가 COM4임을 알 수 있다.

만일 [그림 2.2.10]과 같이 Device Manager 창에 경고 표시가 나타나면 ESP8266과 PC 사이의 소프트웨어 연결에 문제가 있는 것이다. 따라서 장치에 맞는 device driver를 찾아서 설치해야 한다.

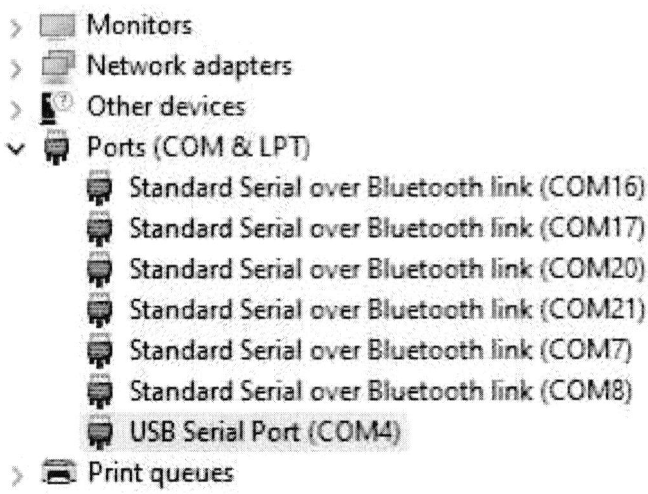

[그림 2.2.9] Device Manager를 이용한 통신포트 확인

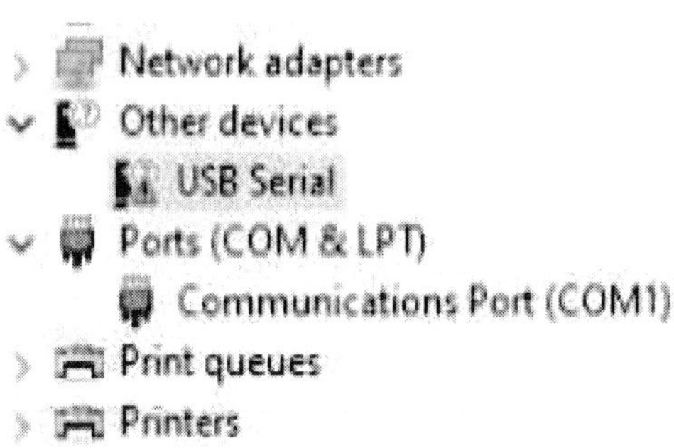

[그림 2.2.10] Device driver 설치가 안 된 경우

NodeMCU의 경우 PC와 USB로 연결하는데 CH340칩을 사용한 것과 CH9012X CP2102칩을 사용한 것 등 몇 가지가 있어서 사용하는 보드를 확인하고 보드에 맞는 device driver를 찾아서 설치해야 한다.

ESP8266 보드와 PC가 통신포트(COM 포트)로 제대로 연결되면 Arduino IDE 프로그램에서 사용할 보드(ESP8266)를 선택해야 한다.

[그림 2.2.11] 보드 선택

선택할 보드는 ESPino(ESP-12Module)로 [그림2.2.11]과 같이 Tool → Board → ESP8266 → ESPino(ESP-12Module)를 선택하면 된다.

보드가 선택되면 통신포트를 선택해서 프로그램에 연결한다. [그림 2.2.12]와 같이 Device Manager에서 확인한 COM4 포트를 Arduino IDE에서 선택해서 연결한다.

[그림 2.2.12] 통신포트 선택

2.3 Arduino IDE에서 ESP8266 프로그래밍

우선 ESP8266 보드에 있는 LED를 점멸시키는 가장 간단한 프로그램으로 테스트하자. 다음 프로그램을 Arduino IDE 창에 넣고 컴파일하고 올린다.

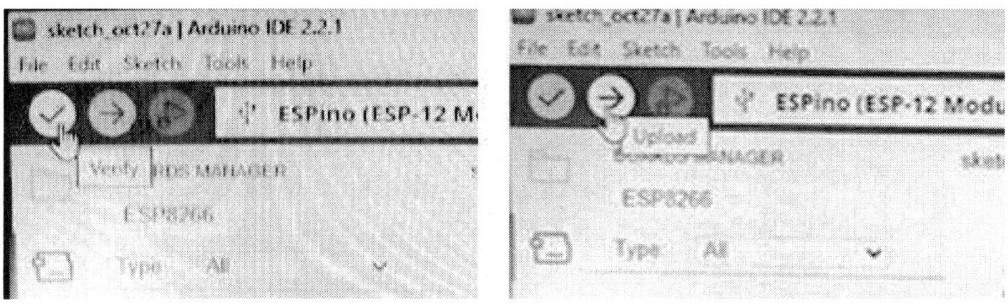

[그림 2.3.1] 컴파일과 업로드

컴파일은 [그림 2.3.1]과 같이 체크 버튼을 누르면 실행되고, 업로드는 오른쪽 화살표를 누르면 된다.

```
int pin = 2;
void setup() {
  pinMode(pin, OUTPUT);
}
// the loop function runs over and over again forever
void loop() {
  digitalWrite(pin, HIGH);
  delay(1000);
  digitalWrite(pin, LOW);
  delay(1000);
}
```

ESP8266에서 2번 포트는 모듈에 붙어있는 파란색 LED와 연결되어 있어서 위 프로그램을 올리면 다른 장치를 연결하지 않아도 2번 포트에 연결된 파란색 LED가 1초 간격으로 깜박이는 것을 볼 수 있다.

프로그램을 보면 setup() 부분과 loop() 두 부분으로 나뉜다. setup() 부분에는 프로그램에 필요한 초깃값이나 설정 등을 넣는다. setup() 부분은 프로그램이 실행될 때 처음 한 번만 실행되고 loop() 부분은 전원이 꺼질 때까지 무한 반복된다.

[그림 2.3.2] ESP8266 LED 점멸

setup() 부분에 pinMode(pin, OUTPUT); 명령에서 pinMode는 디지털 포트를 출력 또는 입력으로 정하는 명령이다.

setup() 위에 int pin = 2 명령으로 int 변수 pin에 2를 넣고 이 변수를 pinMode 명령에서 포트 번호 대신 사용하므로 pinMode(pin, OUTPUT) 명령은 2번 포트를 출력(OUTPUT)으로 초기화하는 명령이 된다.

loop()에서 digitalWrite(pin, HIGH), digitalWrite(pin, LOW) 명령은 pin 변수로 지정된 포트에 1 또는 0을 출력하는 명령이고 delay(1000) 명령은 1,000ms 즉 1초를 기다리라는 명령이다. 또한 loop()는 무한 반복되므로 변수 pin에서 지정된 2번 포트에 1을 쓰고 1초 후 0을 쓰고 다시 1초를 기다리는 것을 무한 반복하므로 2번 포트에 연결된 LED가 1초 동안 켜져 있다가 꺼지고 다시 1초 후에 켜지는 것을 반복하게 된다.

2.4 ESP8266 NodeMCU 핀 배치

ESP8266 NodeMCU 핀 배치는 [그림 2.4.1]과 같다.

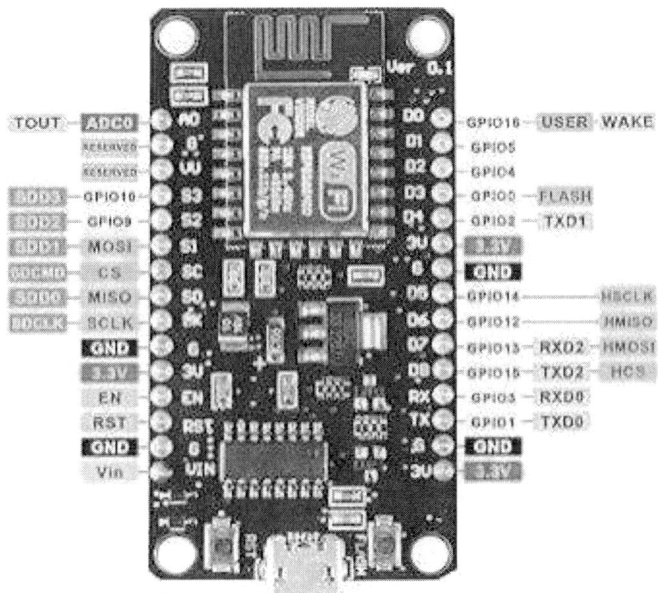

[그림 2.4.1] ESP8266 NodeMCU 핀 배치

당연한 이야기지만 개발할 때는 ESP8266 NodeMCU와 PC가 USB 포트를 통해서 연결되므로 별도의 전원을 넣지 않아도 되지만 개발이 끝나고 Stand alone 상태로 동작할 때는 Vin에 5V 전원을 연결해야 한다.

ESP8266 NodeMCU 핀 배치를 보면 보드에 D1이라고 표기된 핀이 GPIO 5번으로 연결되고, D2가 GPIO 4번으로 연결된다. 프로그램에서 포트를 사용할 때 GPIO 번호를 사용하지만 확인하기 위해 [그림 2.4.2]와 같이 회로를 만들고 다음 프로그램을 만들어서 ESP8266에 올린다.

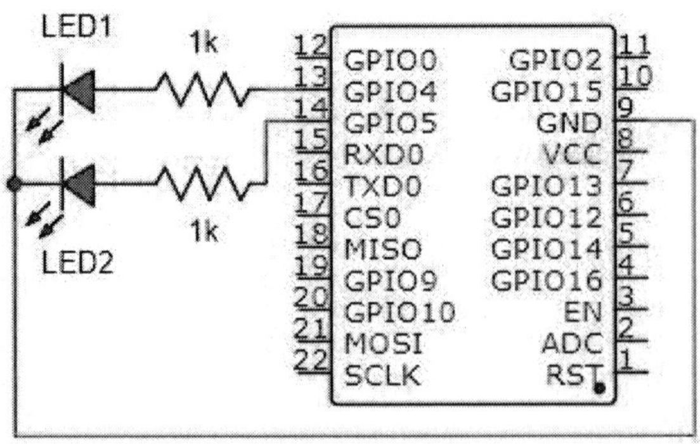

[그림 2.4.2] 핀 번호 확인용 회로

```
int pin1 = 5;
int pin2 = 4;
void setup() {
  pinMode(pin1, OUTPUT);
  pinMode(pin2, OUTPUT);
}
// the loop function runs over and over again forever
void loop() {
  digitalWrite(pin1, HIGH);
  digitalWrite(pin2, LOW);
  delay(1000);
  digitalWrite(pin1, LOW);
  digitalWrite(pin2, HIGH);
  delay(1000);
}
```

변수 pin1에 GPIO번호 5를 넣고 pin2에 GPIO번호 4번을 넣는다. 앞의 프로그램과 마찬가지로 1초 간격으로 깜박거리게 하는데 하나가 켜지면 하나가 꺼지고 다른 하나가 켜지면 켜진 것이 꺼지도록 했다.

[그림 2.4.3] 핀 번호 확인

[그림 2.4.3]과 같이 프로그램이 제대로 동작하므로 포트 번호는 GPIO 번호를 사용해야 함을 확인했다.

2.5 ESP8266 웹서버

ESP8266WiFi.h 소프트웨어 모듈을 이용하면 ESP8266 칩에서 독립적으로 동작하는 웹서버를 아주 간단히 만들 수 있고 이것은 아주 커다란 의미가 있다.

웹서버는 인터넷만 있다면 어디서든 연결할 수 있고 마이크로 컨트롤러는 포트제어를 통해서 제어할 수 있는데 이 두 가지가 결합 되면 인터넷 통신만 가능하면 시간과 장소에 제약 없이 원하는 것을 제어할 수 있게 된다.

실생활에 응용한 예를 들자면 필자는 연구실로 보통 새벽 6시에 출근하는데 겨울에 난방은 8시가 되어야 가동되기 시작하고 따뜻해지려면 20~30분 정도 시간이 더 필요하다. 따라서 새벽에는 전기히터로 개별난방을 해야 한다.

그러나 개별난방도 시간이 필요하고 출근 후 난방을 시작하면 30분은 추위에 떨어야 한다. 그렇다고 전날부터 히터를 켜고 퇴근할 수도 없는 노릇이다. 이 문제를 ESP8266 웹서버를 이용해서 간단히 해결했다.

전기히터를 켜고 끄기 위해서 대용량 릴레이를 이용하고 이 대용량 릴레이를 ESP8266으로 구동하기 위해 다알링턴 트랜지스터 TIP120을 사용했다. 이렇게 해서 집을 나서면서 ESP8266 웹서버를 통해서 연결된 전기히터를 켜면 된다. 학교에 도착하면 연구실은 이미 따뜻하게 되어 있다.

ESP8266을 웹서버로 세팅하기 위해서 ESP8266WiFi.h 모듈이 필요하다. 이 모듈안에 서버 세팅 기능과 TCP/IP를 이용한 WiFi 연결기능, HTTP 통신 기능, Html 전송 기능 등 통신에 필요한 모든 기능이 들어 있다.

ESP8266 웹서버 테스트를 위한 회로는 [그림 2.4.2] 핀 번호 확인용 회로를 그대로 사용한다.

2.5.1 웹서버 포트 설정

웹서버 포트 설정 명령은 다음과 같다.

```
WiFiServer server(80);
```

여기서 80은 포트 번호로 웹서버에서 http 프로토콜로 통신하는 포트는 기본적으로 80번이다. http://로 시작하는 인터넷 웹주소를 브라우저에 넣는데, 이 경우 모두 포트는 80번을 사용한다. 참고로 보안 통신인 https://는 기본 포트 번호는 443이 된다.

만일 80번 포트 번호를 바꾼다면 연결하는 인터넷 주소에 포트 번호까지 넣어야 접속할 수 있다. 또한 ESP8266 웹서버를 외부에서 접속하기 위해 라우터를 세팅해야 한다. 이 부분에 대해서는 8장에서 자세히 설명한다.

2.5.2 WiFi Mode 설정

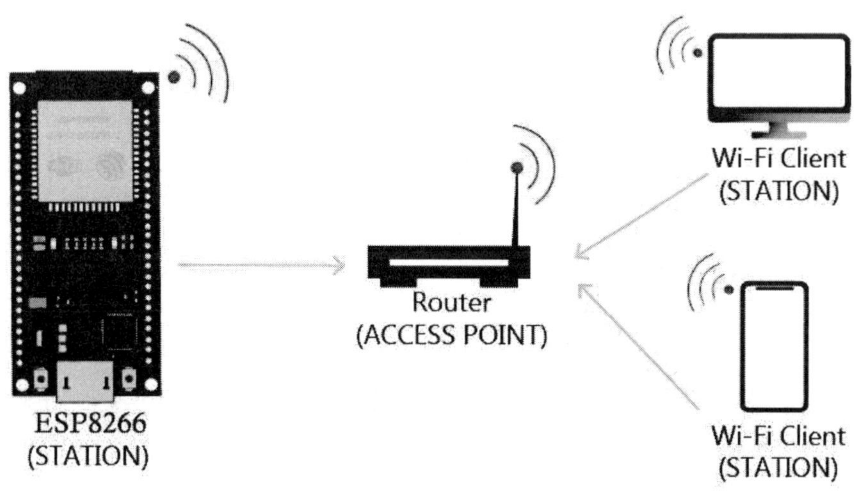

[그림 2.5.2.1] WiFi-Station Mode

WiFi Mode는 3가지로 Station Mode, Access Point Mode, Station + Access Point Mode가 있다.

Station Mode는 [그림 2.5.2.1]과 같이 라우터 같은 Access Point에 연결해서 통신하는 Mode로 일반적으로 PC나 휴대폰을 WiFi 라우터에 연결해서 인터넷 통신하는 방법으로 이때 PC나 휴대폰은 WiFi Client 또는 WiFi Station이라고 한다.

Access Point Mode는 [그림 2.5.2.2]와 같이 ESP8266이 라우터와 같이 작동하며 다른 WiFi Client나 WiFi Station이 ESP8266에 직접 연결해서 통신하도록 한다.

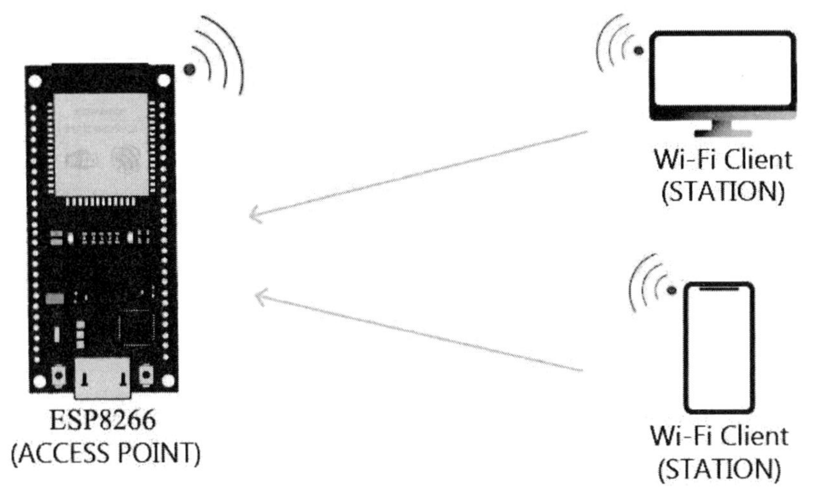

[그림 2.5.2.2] Access Point Mode

여기에서는 WiFi-Station Mode로 설정하여 사용한다.

2.5.3 WiFi 주소 설정

Station Mode에서는 연결한 라우터에서 자동으로 IP 주소를 받아서 사용해도 되지만 IP 주소 자동할당 기능(DHCP)을 사용하면 ESP8266을 껐다 켜거나 재부팅을 하면 IP 주소가 바뀔 수 있어서 바뀐 IP 주소를 알기 전에는 ESP8266에 접속할 수 없다. 따라서 고정 IP를 정해서 사용해야 한다.

DHCP 기능을 사용할 경우는 다음과 같다.

```
WiFiServer server(80);
 const char* ssid      = "라우터의 SSID";
 const char* password = "라우터 패스워드";
 WiFi.mode(WIFI_STA);
 WiFi.begin(ssid, password);
 while (WiFi.status() != WL_CONNECTED) {
    delay(500);
    Serial.print(".");
  }
  Serial.println("");
  Serial.println("WiFi connected.");
  Serial.println("IP address: ");
  Serial.println(WiFi.localIP());
  server.begin();
```

ESP8266을 사용할 때 라우터의 SSID는 반드시 2.4GHz 밴드를 사용해야 한다. 5GHz 밴드는 연결이 안 된다.

WiFiServer server(80); - http 서버 포트를 기본값 80으로 설정한다.
WiFi.mode(WIFI_STA); - WiFi Mode를 Station Mode로 설정한다.
만일 AP Mode로 설정한다면 WiFi.mode(WIFI_AP); 명령을 사용하고, WiFi.mode(WIFI_AP_STA); 명령어를 사용하면 Access Point와 Station Mode를 함께 사용할 수 있다.

고정 IP 주소를 사용하는 방법은 다음과 같다.
먼저 연결할 라우터에서 할당하는 주소를 알아야 하는데 이것은 연결된 PC의 IP 주소를 확인하면 바로 알 수 있다.

PC에서 command 창을 열고 ipconfig 명령을 넣어보면 바로 알 수 있다.

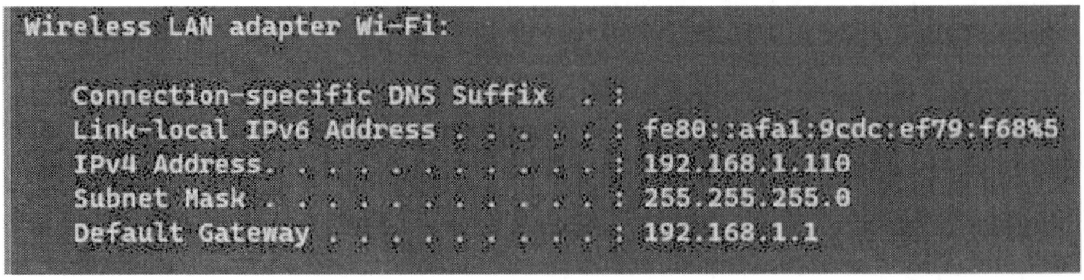

```
Wireless LAN adapter Wi-Fi:

   Connection-specific DNS Suffix  . :
   Link-local IPv6 Address . . . . . : fe80::afa1:9cdc:ef79:f68%5
   IPv4 Address. . . . . . . . . . . : 192.168.1.110
   Subnet Mask . . . . . . . . . . . : 255.255.255.0
   Default Gateway . . . . . . . . . : 192.168.1.1
```

[그림 2.5.3.1] IP 주소 확인

[그림 2.5.3.1]을 보면 할당된 IP 주소가 192.168.1.110임을 알 수 있다. 이로부터 이 라우터와 연결해서 사용하는 장치의 IP 주소는 192.168.1.xxx를 쓸 수 있음을 알 수 있다.

이제 IP 주소를 확인했으니 ESP8266 웹서버 IP 주소를 192.168.1.21로 정해서 사용한다. 이 경우는 192.168.1.21과 같이 21번을 사용했지만 라우터에 연결된 다른 장치와 중복되지만 않는다면 2~254번 중에 어느 것을 사용해도 된다. 설정 프로그램은 다음과 같다.

먼저 IP 주소, Gateway, subnet, dns를 정해주고 WiFi.config 명령어로 IP 주소, Gateway, subnet, dns를 넣으면 된다. 이때 WiFi.config 명령어 반환 값이 0이 아니면 설정에 문제가 있으므로 이때는 DHCP를 이용해서 자동으로 IP를 할당하도록 했다.

```
WiFiServer server(80);
 const char* ssid       = "라우터의 SSID";
 const char* password = "라우터 패스워드";
 IPAddress ip(192, 168, 1, 21);
 IPAddress gateway(192, 168, 1, 1);
 IPAddress subnet(255, 255, 255, 0);
 IPAddress dns(192, 168, 1, 1);
 WiFi.mode(WIFI_STA);
 WiFi.begin(ssid, password);
```

```
if (!WiFi.config(ip, gateway, subnet, dns))
 {
   Serial.println("Static IP Configuration Failed");
 }
 while (WiFi.status() != WL_CONNECTED) {
   delay(500);
   Serial.print(".");
 }
 Serial.println("");
 Serial.println("WiFi connected.");
 Serial.println("IP address: ");
 Serial.println(WiFi.localIP());
 server.begin();
```

2.5.4 웹페이지에서 포트제어

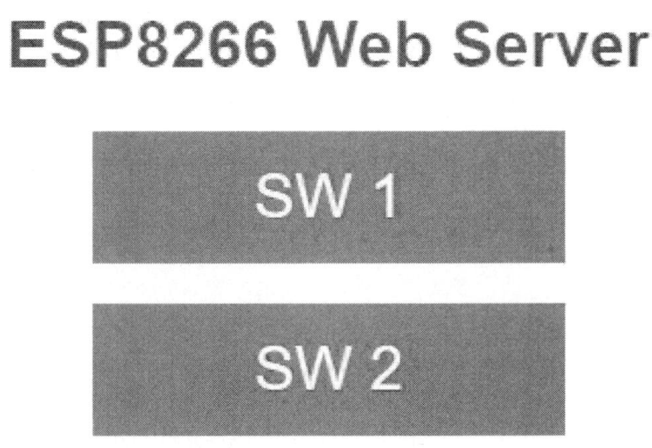

[그림 2.5.4.1] 웹페이지 설계

ESP8266 웹서버에 올라가는 웹페이지는 프로그램에서 웹페이지 코드 즉 html 문장을 처음부터 끝까지 순서대로 연결한 클라이언트에게 전송하면 된다.

웹페이지 버튼을 눌렀을 때 보내는 값도 미리 정하면 어느 버튼을 눌렀는지를 웹서버에서 알 수 있다.

[그림 2.5.4.1]과 같이 스위치 버튼이 있는 간단한 웹페이지를 만들자.

[그림 2.5.4.1]을 html 코드로 만들면 다음과 같다.

```
<!DOCTYPE html>
<html>
<head><meta name="viewport" content="width=device-width, initial-scale=1"/>
<style>html { font-family: Helvetica; display: inline-block; margin: 0px auto; text-align: center;}
.button { background-color: NAVY; border: none; color: white; padding: 16px 80px; text-decoration: none; font-size: 30px; margin: 2px; cursor: pointer;}
</style>
</head>
<body>
<h1>ESP8266 Web Server</h1>
<p><a href="/5"><button class="button">SW 1</button> </a></p>
<p><a href="/4"><button class="button">SW 2</button> </a></p>
</body>
</html>
```

위 html 코드를, 메모장을 이용해서 작성하고 webPage1.html로 확장자를 html로 해서 저장하고 저장된 파일은 웹브라우저를 이용해서 열어 보면 [그림 2.5.4.]1과 같은 페이지를 볼 수 있다.

버튼을 눌렀을 때 동작을 알아보자.

<p><a href="/5"><button class="button">SW 1</button> </a></p> 코드에서 SW 1을 눌렀을 때 href="/5"에 의해 /5가 전송된다. 여기서 5는 GPIO 5번 포트를 의미한다. 마찬가지로 <p><a href="/4"><button class="button">SW 2</button> </a></p> 코드에서 SW 2를 눌렀을 때 href="/4"에 의해 /4가 전송된다. 여기서도 4는 GPIO 4번 포트를 의미한다.

class="button"은 head 부분의 style에서 button을 정해 놓은 모양과 색상을 사용하는 것으로 반복사용에 편리하다.

웹페이지에 클라이언트에서 버튼을 눌렀을 때 SW1을 누르면 /5가 들어오고 SW2를 누르면 /4 가 전송되도록 했고, 이것을 웹서버에서 읽고 5 또는 4를 구별해서 해당 포트가 켜있으면 끄고 꺼져 있으면 켜면 된다. 코드는 다음과 같다.

```
if (header.indexOf("GET /5") >= 0) {
  if(digitalRead(output5) >=  1)
     digitalWrite(output5, LOW);
  else
     digitalWrite(output5, HIGH);
} else if (header.indexOf("GET /4") >= 0) {
  if(digitalRead(output4) >=  1)
     digitalWrite(output4, LOW);
  else
     digitalWrite(output4, HIGH);
}
```

클라이언트에서 SW1 버튼을 누르면 http 프로토콜 명령 중에 GET Method를 사용해서 /5가 IP 주소 뒤에 붙어서 서버로 전송되고, 서버에서는 GET /5 HTTP/1.1로 들어오게 된다.

따라서 GET /5 문자열이 헤더에 있으면 SW1을 누른 것을 알 수 있고 GET /4 문자열이 헤더에 있으면 SW2를 누른 것을 알 수 있다.

또한 /5가 들어오면 5번 포트를 읽어서 포트값이 HIGH면 LOW로 LOW면 HIGH로 바꾸면 된다.

물론 변수 선언에서

const int output5 = 5;

const int output4 = 4;

각각 5번과 4번 포트를 지정하고,

setup()에서

pinMode(output5, OUTPUT);

pinMode(output4, OUTPUT);

digitalWrite(output5, LOW);

digitalWrite(output4, LOW);

5번과 4번 포트를 출력으로 정하고 초기 상태는 끈 상태로 놓는다.

한가지 주의할 부분은 웹페이지를 연결된 클라이언트로 전송할 때 client.println 명령을 사용하는데 전송할 내용을 " "로 묶어서 명령에 넣어야 한다. 그러나 meta name="viewport"와 같이 전송할 내용에 "(따옴표)가 있을 수가 있어서 "(따옴표)를 전송할 때는 ₩"(backslash")로 넣어야 한다.

전체 프로그램은 다음과 같다.

```
#include <ESP8266WiFi.h>
const char* ssid     = "라우터의 SSID";
const char* password = "라우터 패스워드";

WiFiServer server(80);
```

```
String header;

IPAddress ip(192, 168, 1, 21);
IPAddress gateway(192, 168, 1, 1);
IPAddress subnet(255, 255, 255, 0);
IPAddress dns(192, 168, 1, 1);

const int output5 = 5;
const int output4 = 4;

unsigned long currentTime = millis();
unsigned long previousTime = 0;
const long timeoutTime = 2000;

void setup() {
  Serial.begin(115200);
  pinMode(output5, OUTPUT);
  pinMode(output4, OUTPUT);
  digitalWrite(output5, LOW);
  digitalWrite(output4, LOW);

  Serial.print("Connecting to ");
  Serial.println(ssid);  WiFi.mode(WIFI_STA);
  WiFi.begin(ssid, password);
  if (!WiFi.config(ip, gateway, subnet, dns))
  {
    Serial.println("Static IP Configuration Failed");
  }
```

```
  while (WiFi.status() != WL_CONNECTED) {
    delay(500);
    Serial.print(".");
  }

  Serial.println("");
  Serial.println("WiFi connected.");
  Serial.println("IP address: ");
  Serial.println(WiFi.localIP());
  server.begin();
}

void loop(){
  WiFiClient client = server.available();

  if (client) {
    Serial.println("New Client.");
    String currentLine = "";
    currentTime = millis();
    previousTime = currentTime;
    while (client.connected() && currentTime - previousTime <=
 timeoutTime) {
      currentTime = millis();
      if (client.available()) {
        char c = client.read();
        Serial.write(c);
        header += c;
        if (c == '₩n') {
```

```
          if (currentLine.length() == 0) {
            client.println("HTTP/1.1 200 OK");
            client.println("Content-type:text/html");
            client.println("Connection: close");
            client.println();

            if (header.indexOf("GET /5") >= 0) {
              if(digitalRead(output5) >=  1)
                digitalWrite(output5, LOW);
              else
                digitalWrite(output5, HIGH);
            } else if (header.indexOf("GET /4") >= 0) {
              if(digitalRead(output4) >=  1)
                digitalWrite(output4, LOW);
              else
                digitalWrite(output4, HIGH);
            }

            client.println("<!DOCTYPE html><html>");
            client.println("<head><meta name=₩"viewport₩" content=₩"width=device-width, initial-scale=1₩">");
            client.println("<style>html { font-family: Helvetica; display: inline-block; margin: 0px auto; text-align: center;}");
            client.println(".button { background-color: NAVY; border: none; color: white; padding: 16px 80px;");
            client.println("text-decoration: none; font-size: 30px; margin: 2px; cursor: pointer;}");
            client.println("</style></head>");
```

```
            client.println("<body><h1>ESP8266 Web Server</h1>");
            client.println("<p><a href=₩"/5₩"><button 
class=₩"button₩">SW 1</button></a></p>");
            client.println("<p><a href=₩"/4₩"><button 
class=₩"button₩">SW 2</button></a></p>");
            client.println("</body></html>");
            client.println();
            break;
          } else {
            currentLine = "";
          }
        } else if (c != '₩r') {
          currentLine += c;
        }
      }
    }

    header = "";
    client.stop();
    Serial.println("Client disconnected.");
    Serial.println("");
  }
}
```

[그림 2.4.2] 회로를 만들어 연결하고, 위 프로그램을 컴파일해서 올리고 PC나 휴대전화에서 웹브라우저를 열고 주소창에 http://192.168.1.21를 넣으면 [그림 2.5.4.2]와 같은 화면 볼 수 있다.

[그림 2.5.4.2] ESP8266 웹서버 동작 화면

스위치 버튼을 누르면 버튼을 누를 때마다 5번과 4번 포트에 연결된 LED가 독립적으로 켜지고 꺼지는 것을 볼 수 있다.

2.5.5 웹페이지에 스위치 상태 표시

위 프로그램은 문제없이 동작하지만, 웹페이지에서 스위치 상태를 알 수 없어서 스위치를 켜야 하는지 꺼야 하는지 판단할 수 없는 문제가 있다. 이번에는 스위치 상태를 표시하는 방법을 알아보자.

가장 간단한 방법으로 포트를 읽어서 ON OFF 상태를 웹페이지에 표시하는 방법을 생각해 보자. 포트 상태를 저장할 변수를 정하고 그 값에 따라 웹페이지에 ON OFF를 표시하면 된다.

다음과 같이 프로그램에서 스위치를 켜고 끄는 부분에 포트 상태 값을 넣도록 수정했다.

```
String state5 = "OFF";
String state4 = "OFF";
```

```
if (header.indexOf("GET /5") >= 0) {
  if(digitalRead(output5) >=  1)
  {
     digitalWrite(output5, LOW);
     state5 = "OFF";
  }
  else
  {
     digitalWrite(output5, HIGH);
     state5 = "ON";
  }
} else if (header.indexOf("GET /4") >= 0) {
  if(digitalRead(output4) >=  1)
  {
     digitalWrite(output4, LOW);
     state4 = "OFF";
  }
  else
  {
     digitalWrite(output4, HIGH);
     state4 = "ON";
  }
}
```

웹페이지도 상태 값을 표시하도록 다음과 같이 바꾸어야 한다.

```
client.println("<body><h1>ESP8266 Web Server</h1>");
client.println("<p></p>");
```

```
client.println("<p>Port 5 : " + state5 + "</p>");
client.println("<p><a href=₩"/5₩"><button class=₩"button₩">SW
1</button></a></p>");
client.println("<p></p>");
client.println("<p>Port 4 : " + state4 + "</p>");
client.println("<p><a href=₩"/4₩"><button class=₩"button₩">SW
2</button></a></p>");
client.println("</body></html>");
```

<p></p>는 줄 간격을 띄우기 위해 넣었고, state5와 state4는 포트 상태 값을 넣은 변수로 바뀐 상태 값을 페이지에 표시한다.

[그림 2.5.5.1] 포트 상태 값 표시

포트 상태를 알 수는 있으나 스위치를 눌러도 스위치가 아무 변화가 없으니 너무 심심하다. 포트 상태가 ON이면 버튼을 빨간색 OFF이면 회색으로 변화하고 버튼 표시도 ON 상태면 OFF만 할 수 있으니, OFF로 표시하고 OFF 상태면 ON만 할 수 있으니, ON으로 표시하도록 하자.

다른 부분은 수정할 필요가 없고 웹페이지에 표시하는 부분만 수정하면 된다. 버튼 스타일을 button ON과 button Off 두 개를 만들고 상태에 따라 버튼 스타일을 불러서 쓰자.

html head 부분을 다음과 같이 바꾼다.

```
client.println("〈head〉〈meta name=₩"viewport₩"
content=₩"width=device-width, initial-scale=1₩"〉");
client.println("〈style〉html { font-family: Helvetica; display: inline-block;
margin: 0px auto; text-align: center;}");
client.println(".buttonOn { background-color: Red; border: none; color:
white; padding: 16px 70px;");
client.println("text-decoration: none; font-size: 30px; margin: 2px; cursor:
pointer;}");
client.println(".buttonOff { background-color: Gray; border: none; color:
white; padding: 16px 70px;");
client.println("text-decoration: none; font-size: 30px; margin: 2px; cursor:
pointer;}");
client.println("〈/style〉〈/head〉");
```

body 부분에서는 포트 상태에 따라 다른 html 코드를 보내야 한다.

포트 상태를 확인하는 코드는 if (state5 =="ON")과 if (state4 =="ON")이다.

On이면(5번 포트) client.println("〈p〉〈a href=₩"/5₩"〉〈button class=₩"buttonOn₩"〉OFF〈/button〉〈/a〉〈/p〉");를 보내고(buttonOn 클래스에 지정된 빨간색 버튼이고, 버튼 값은 OFF)

Off이면 client.println("<p><a href=₩"/5₩"><button class=₩"buttonOff₩">ON</button></a></p>"); (buttonOff 클래스에 지정된 회색 버튼이고, 버튼 값은 ON)을 보낸다.

html body 부분에 바뀐 코드는 다음과 같다.

```
client.println("<body><h1>ESP8266 Web Server</h1>");
client.println("<p></p>");
client.println("<p>Port 5 : " + state5 + "</p>");
if (state5 =="ON") {
  client.println("<p><a href=₩"/5₩"><button
class=₩"buttonOn₩">OFF</button></a></p>");
} else {
  client.println("<p><a href=₩"/5₩"><button
class=₩"buttonOff₩">ON</button></a></p>");
}
client.println("<p></p>");
client.println("<p>Port 4 : " + state4 + "</p>");
if (state4 =="ON") {
  client.println("<p><a href=₩"/4₩"><button
class=₩"buttonOn₩">OFF</button></a></p>");
} else {
  client.println("<p><a href=₩"/4₩"><button
class=₩"buttonOff₩">ON</button></a></p>");
}
client.println("</body></html>");
```

프로그램을 바꾼 후 컴파일하고 올리면 [그림 2.5.5.2]와 같이 포트의 ON OFF 상태에 따라 버튼 색이 빨간색과 회색으로 바뀌고 버튼에 표시된 글자도 버튼이 빨간색이면 켜있으므로 OFF, 버튼이 회색이면 꺼져 있는 것으로 버튼 글자는 ON으로 표시된다.

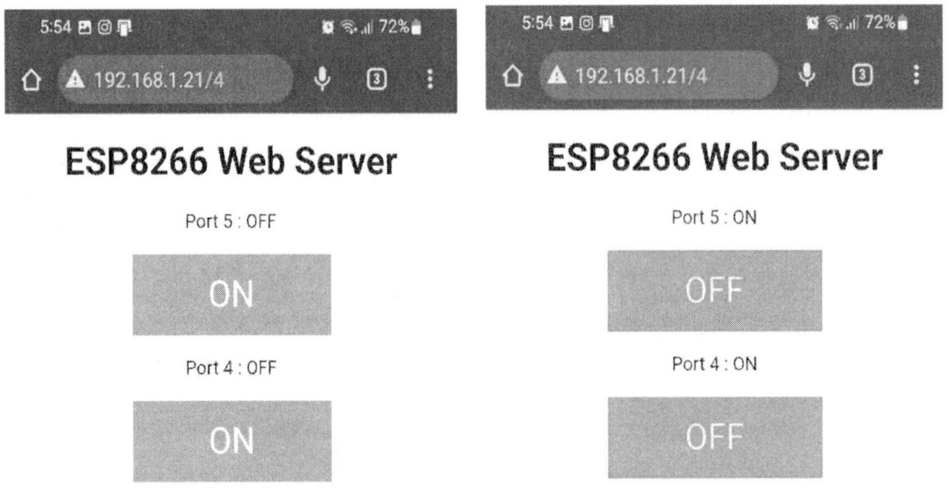

[그림 2.5.5.2] 포트 상태 값과 스위치 상태 표시

03 Filesystem Uploader

3.1 Filesystem Uploader 설치(Arduino IDE 1.x)

3.2 헤더 파일 설치

3.3 웹서버 프로그램

3.4 웹페이지에서 스위치 제어

2장에서는 html 형태의 웹페이지를 서버에 접속한 클라이언트에게 ESP8266 코어 프로그램에 한 줄씩 분해해서 넣고 이것을 전송했는데 이것은 개발자 관점에서 개발과 관계없이 상당히 불편한 작업이 되고 웹페이지 가독성이 떨어져서 수정이 매우 불편하다. 이러한 문제를 해결하기 위해 ESP8266 메모리를 파일 시스템으로 만들고, 여기에 웹페이지를 html 파일 형태로 그대로 업로드하고 ESP8266에서는 파일 시스템에 업로드된 웹페이지를 읽어서 접속된 클라이언트로 전송하도록 하는 프로그램 모듈이 개발되었다. 파일 시스템을 사용하기 때문에 웹페이지 html 파일뿐 아니라 style CSS 파일 그리고 JavaScript js 파일 등 일반적인 웹페이지 작업하는데 사용하는 파일을 그대로 업로드할 수 있다. ESP8266은 LittleFS plugin을 사용하고 ESP32는 SPIFFS plugin을 사용한다.

다음에 설명하는 ESP8266은 LittleFS plugin은 Arduino IDE 1.x에서만 동작한다.

3.1 Filesystem Uploader 설치(Arduino IDE 1.x)

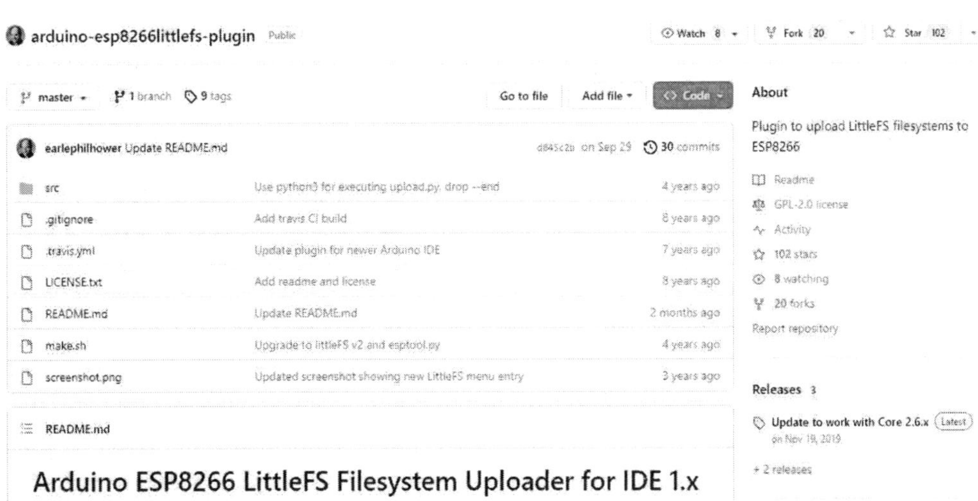

[그림 3.1.1] ESP8266 LittleFS Plugin

다음 링크에 있는 GitHub에서 plugin 파일을 받자. 링크로 들어가면 [그림 3.1.1]과 같은 창이 열린다.

https://github.com/earlephilhower/arduino-esp8266littlefs-plugin

[그림 3.1.1]에서 오른쪽 아래 파란색 + 2 releases를 누르면 다음 링크로 연결된다. 이래 링크는 릴리즈 페이지로 가는 링크이다.

https://github.com/earlephilhower/arduino-esp8266littlefs-plugin/releases

[그림 3.1.2] ESP8266 LittleFS 받기

[그림 3.1.2]에서 ESP8266LittleFS-2.6.0.zip를 누르면 파일을 받을 수 있고, 받은 zip파일을 풀면 ESP8266LittleFS/tool/폴더 아래에 esp8266littlefs.jar 파일을 볼 수 있다.

이것을 arduino IDE가 설치된 폴더를 찾아서 tools폴더를 만들고, 그 안에 ESP8266LittleFS 폴더를 복사해서 넣는다.

arduino IDE가 설치된 폴더는 [그림 3.1.3]과 같다. esp8266littlefs.jar 파일이 설치된 폴더 위치는 arduinoIDE/tools/ESP8266LittleFS/tool/이다.

만일 arduino IDE가 열려있다면 닫고 다시 시작해야 한다. 여기서는 arduino 1.8.19를 사용했다.

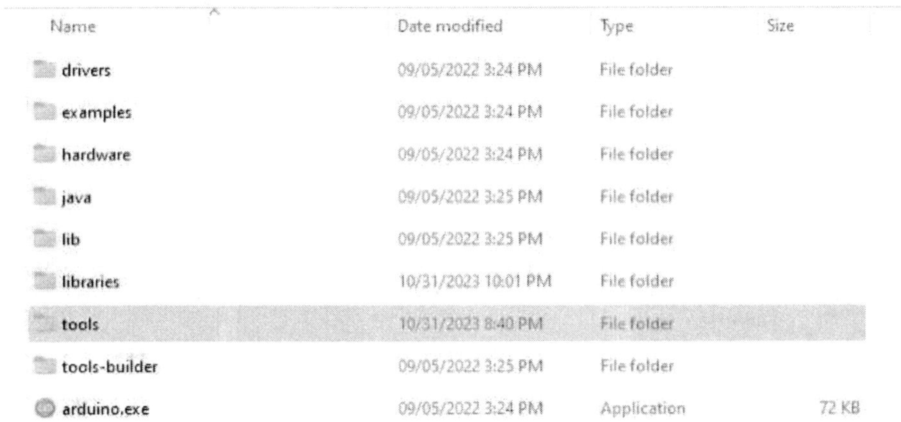

[그림 3.1.3] 파일 설치 위치

plugin이 제대로 설치되었다면 [그림 3.1.4]와 같이 메뉴에서 Tools로 들어가면 ESP8266 LittleFS Data Upload를 선택할 수 있다.

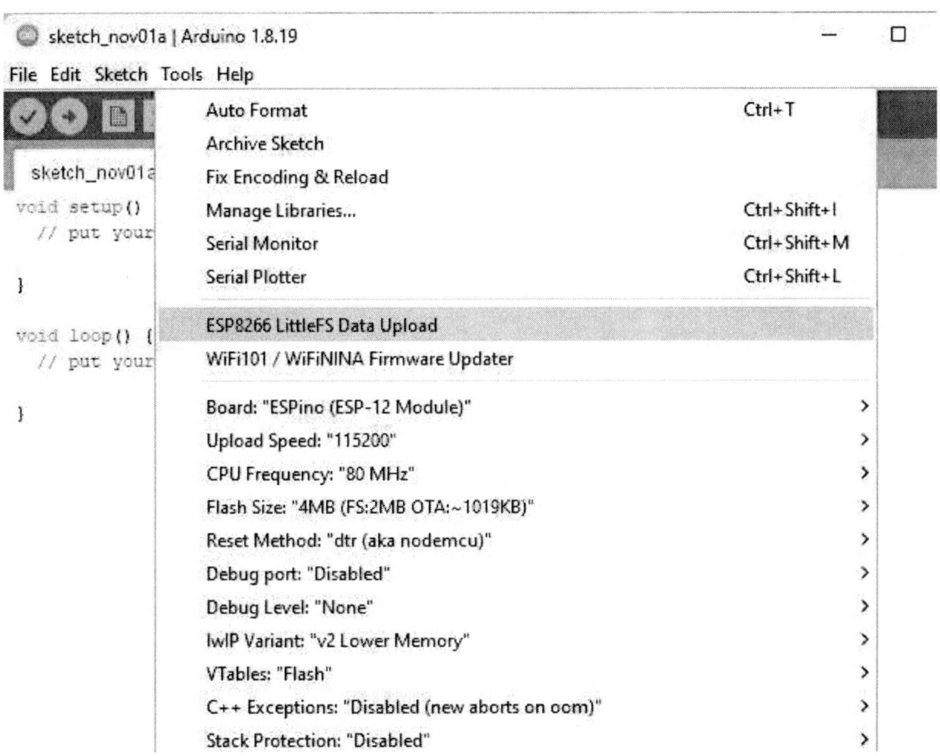

[그림 3.1.4] ESP8266 LittleFS Data Upload 선택

프로그램하기에 앞서 사용할 보드를 선택하자. 사용하는 보드 선택은 [그림 3.1.5]와 같이 Tools → Board → ESP8266 Boards (3.1.2) → ESPino (ESP-12 Module) 순서대로 들어가서 ESP-12를 선택한다.

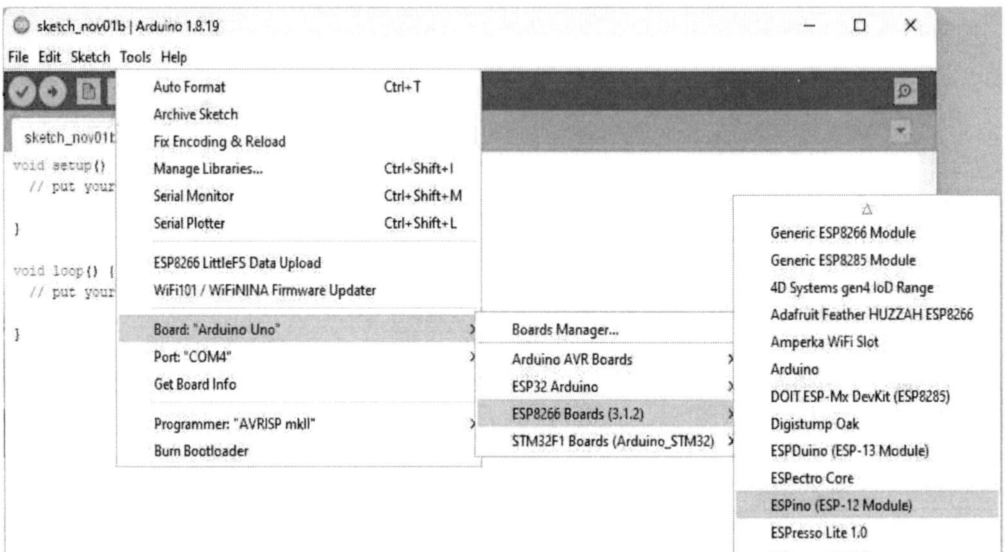

[그림 3.1.5] ESP-12 보드 선택

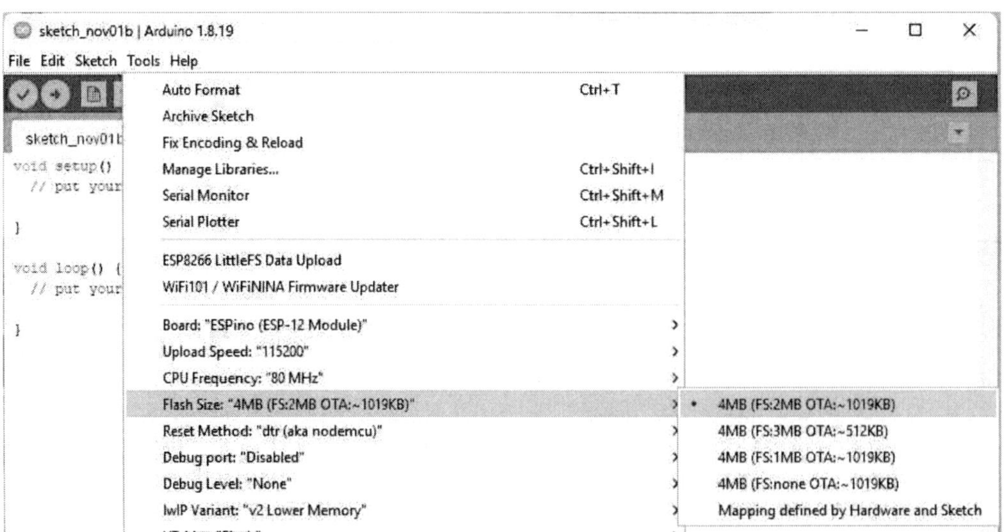

[그림 3.1.6] 플래시 메모리 사용 영역 설정

보드 선택이 되면 LittleFS가 사용할 수 있는 flash 메모리 크기를 설정해야 하는데 사용하는 칩마다 크기와 사용할 수 있는 영역이 다르다. 여기서는 [그림 3.1.6]과 같이 4MBytes를 파일 시스템에서 사용하도록 선택한다.

OTA는 Over The Air 약자로 OTA 서비스를 통해서만 플래시 메모리에 데이터를 넣을 수 있고 OTA 서비스를 지원하는 메모리 영역과 지원하지 않는 메모리 영역이 있다.

다음에 [그림 3.1.7]과 같이 통신포트도 설정한다.

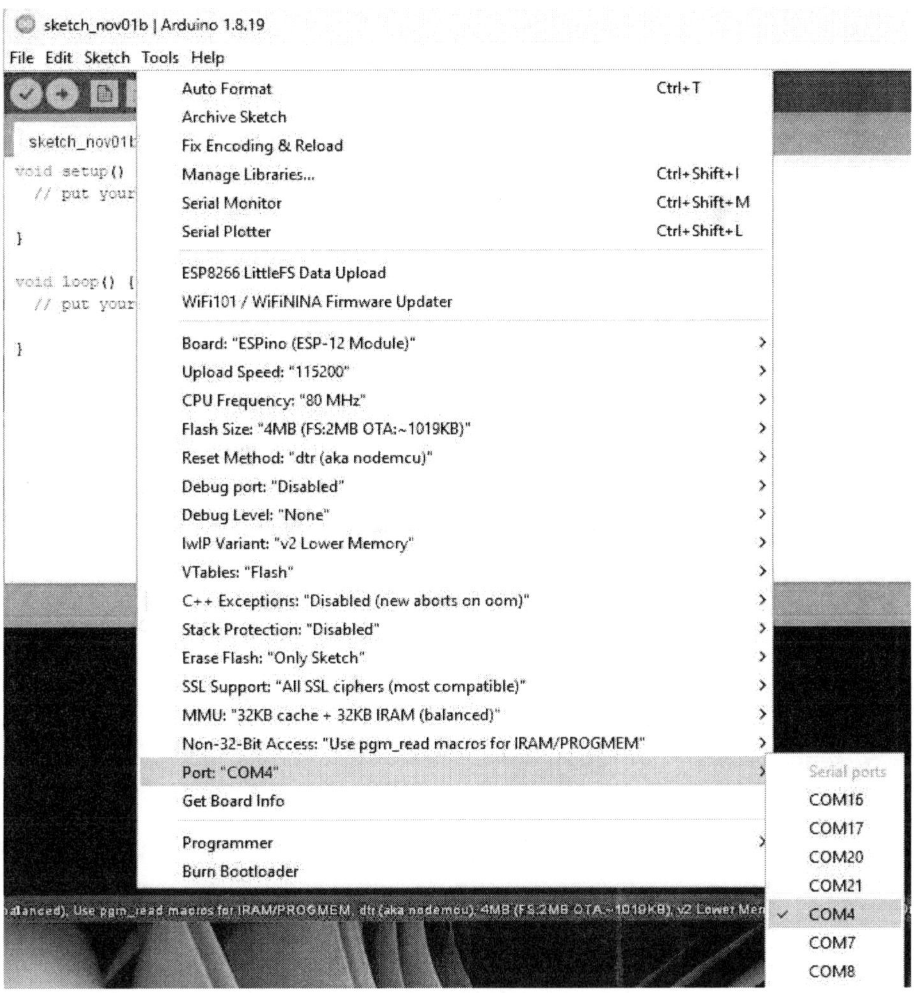

[그림 3.1.7] 통신포트 선택

3.2 헤더파일 설치

프로그램을 만들기 전에 필요한 헤더 파일을 받아서 설치하자. 필요한 헤더 파일은 LittleFS.h, ESPAsyncTCP.h, ESPAsyncWebServer.h이다.

LittleFS 헤더 파일은 아래 Github 사이트에서 받아서 사용하면 된다.

https://github.com/lorol/LITTLEFS

링크로 들어가면 [그림 3.2.1]과 같은 창이 나타나고 이 창에서 초록색 버튼을 누르면 [그림 3.2.2]와 같이 Download Zip이 보인다. 아이콘을 누르면 파일을 받을 수 있다.

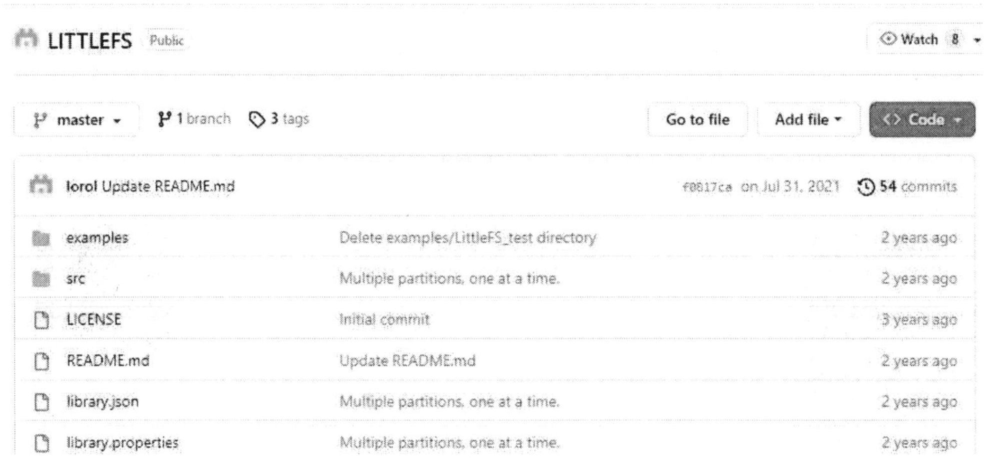

[그림 3.2.1] LittleFS

LITTLEFS-master.zip 파일을 받아서 풀고, LITTLEFS-master 폴더를 그대로 arduino IDE libraries 폴더 안에 넣는다.

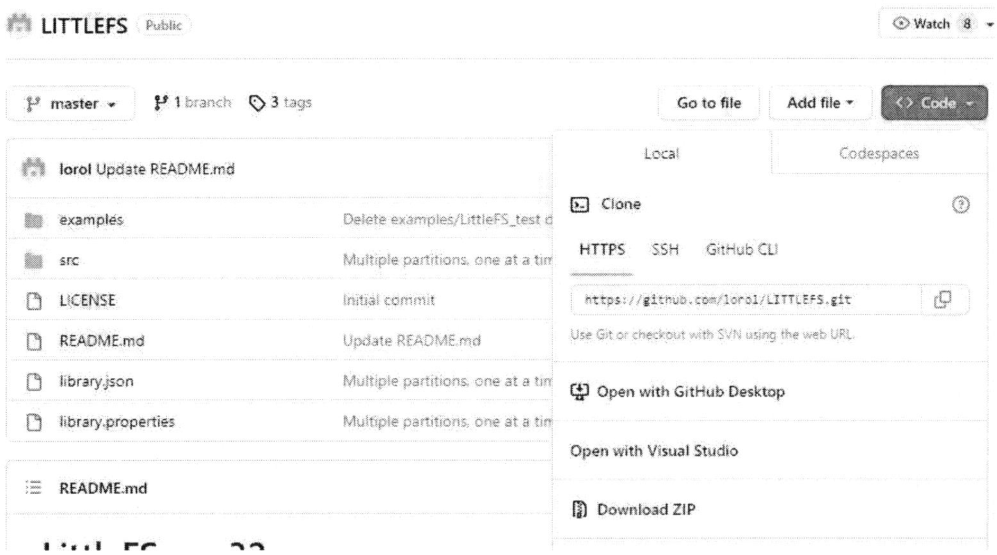

[그림 3.2.2] LittleFS 파일 받기

ESPAsyncTCP.h 파일은 다음 링크에서 받는다.

https://github.com/me-no-dev/ESPAsyncTCP

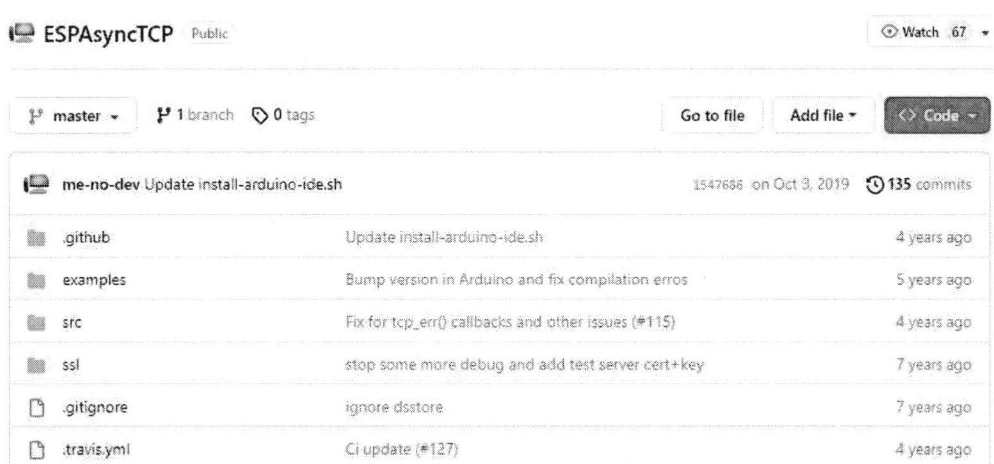

[그림 3.2.3] ESPAsyncTCP 파일 받기

같은 방법으로 초록색 버튼을 누르고 Download Zip을 눌러서 파일을 받는다. 이렇게 받은 파일이 ESPAsyncTCP-master.zip이고, 이 파일을 풀어서 ESPAsyncTCP-master 폴더를 arduino IDE libraries 폴더 안에 넣으면 된다.

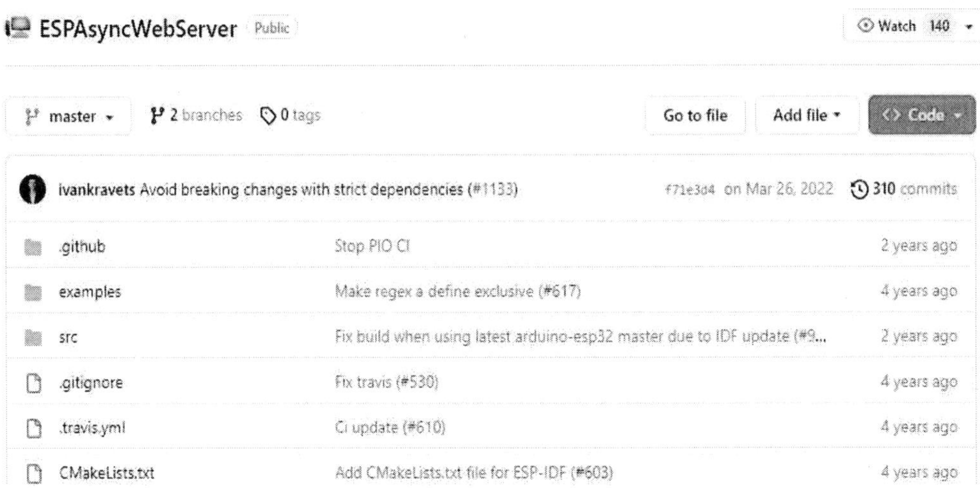

[그림 3.2.4] ESPAsyncWebServer 파일 받기

ESPAsyncWebServer.h 파일도 다음 링크에서 받는다.

https://github.com/me-no-dev/ESPAsyncWebServer/tree/master

같은 방법으로 초록색 버튼을 누르고 Download Zip을 눌러서 파일을 받는다. 이렇게 받은 파일이 ESPAsyncWebServer-master.zip이고, 이 파일을 풀어서 ESPAsyncWebServer-master 폴더를 arduino IDE libraries 폴더 안에 넣으면 된다.

이제 간단한 웹페이지를 만들어서 올려보자. 시험용 html 파일은 다음과 같이 만든다. (본인이 원하는 대로 시험용 페이지를 만들면 된다.)

파일 이름은 index.html로 한다.

```
<title>ESP Web Server</title>
<meta name="viewport" content="width=device-width, initial-scale=1">
<link rel="stylesheet" type="text/css" href="style.css">
</head>
<body>
<h1>ESP Web Server </h1>
<p></p>
<p>This is the first web page with LittleFS.<br><br>Run at ESP8266
web server.</p>
</body>
</html>
```

또한 html 문서에 대한 간단한 스타일 파일도 style.css로 만든다.

```
html {
font-family: Arial;
text-align: center;
}
body {
max-width: 400px;
margin:0px auto;
color: navy;
}
```

index.html 파일과 style.css 파일을 arduino sketch 파일이 있는 폴더에 data 폴더를 만들고 그 data 폴더 안에 넣는다.

만일 코어 프로그램 파일 이름이 sketch_01이면 sketch 폴더에 파일 이름과 같은 sketch_01 폴더가 있고 그 안에 sketch_01.ino 프로그램 파일이 들어간다.

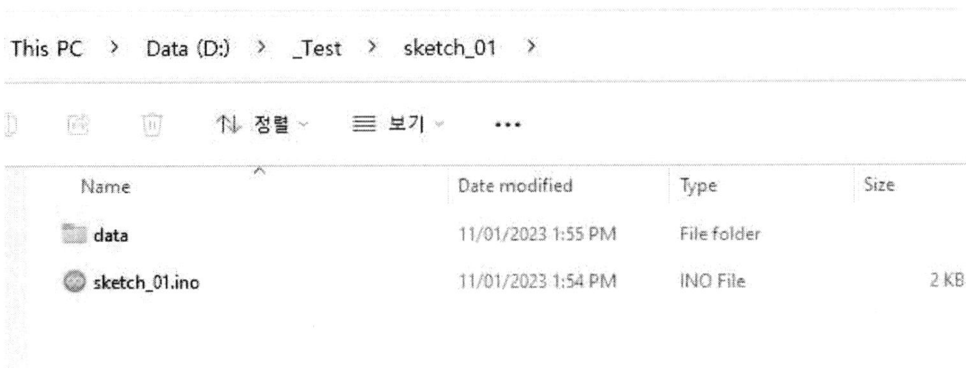

[그림 3.2.5] 코어 프로그램 폴더

이 경우 sketch_01 폴더 안에 data 폴더를 만들고 그 data 폴더 안에 index.html 파일과 style.css 파일을 넣으면 된다.

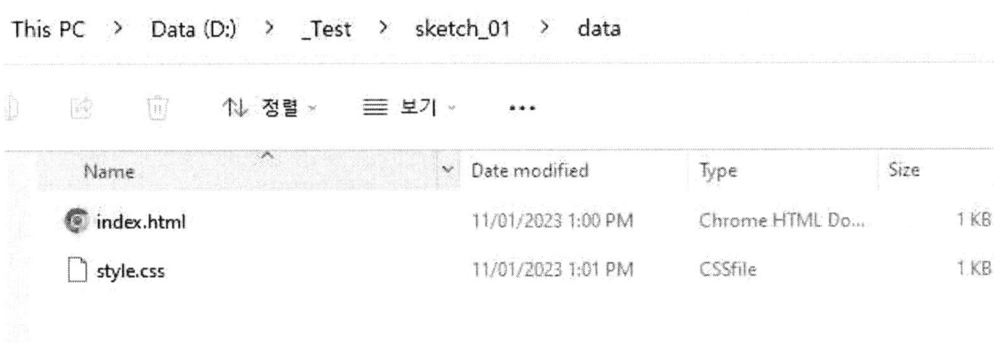

[그림 3.2.6] data 폴더

index.html 파일을 브라우저로 열면 [그림 3.2.7]과 같이 보인다.

코어 프로그램에서 헤더파일은 이미 설치가 되었으므로 include 명령을 이용해서 다음과 같이 넣어주면 된다.

```
#include <ESPAsyncTCP.h>
#include <ESPAsyncWebServer.h>
#include <LittleFS.h>
```

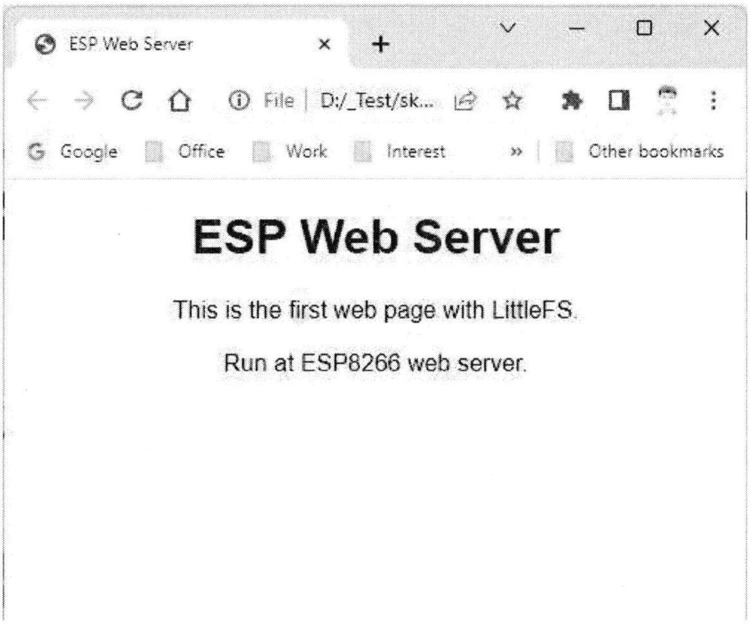

[그림 3.2.7] index.html 파일

3.3 웹서버 프로그램

웹서버 설정 명령은 AsyncWebServer server(80); 이다. 여기서 80은 포트 번호로 http:// 는 기본적으로 80을 사용하고, 만일 다른 포트를 사용한다면 여기에 80 대신 사용하려는 포트 번호를 넣는다.

WiFi 연결을 위한 설정은 다음과 같이 한다.

```
const char* ssid     = "라우터의 SSID";
const char* password = "라우터 패스워드";
 IPAddress ip(192, 168, 1, 21);
 IPAddress gateway(192, 168, 1, 1);
 IPAddress subnet(255, 255, 255, 0);
 IPAddress dns(192, 168, 1, 1);
```

WiFi는 Station Mode를 사용하고 IP는 고정 IP로 192.168.1.21을 쓴다. 다음 명령어로 WiFi에 연결하고 연결이 되면 연결된 IP 주소를 시리얼 모니터에 표시한다.

```
WiFi.mode(WIFI_STA);
WiFi.begin(ssid, password);
if (!WiFi.config(ip, gateway, subnet, dns))
{
  Serial.println("Static IP Configuration Failed");
}
```

```
  while (WiFi.status() != WL_CONNECTED) {
    delay(500);
    Serial.print(".");
  }
  Serial.println("");
  Serial.println("WiFi connected.");
  Serial.println("IP address: ");
  Serial.println(WiFi.localIP());
```

다음 명령어로 LittleFS 파일 시스템을 실행하고 마운트한다.

```
 if (!LittleFS.begin()) {
    Serial.println("An error has occurred while mounting LittleFS");
  }
  Serial.println("LittleFS mounted successfully");
```

다음 명령어는 클라이언트에서 연결 요청이 오면 LittleFS 파일 시스템에 있는 index.html 파일을 전송한다.

```
server.on("/", HTTP_GET, [](AsyncWebServerRequest *request){
  request->send(LittleFS, "/index.html", "text/html");
  });
```

다음 명령어는 LittleFS 파일시스템의 루트를 지정하는 명령이다. 만일 html 파일에서 <link rel="stylesheet" type="text/css" href="style.css">과 같이 style을 파일로 지정해서 넣었을 경우 파일 시스템 루트가 지정되지 않으면 style 파일을 불러올 수 없고 html 페이지가 원하는 형태로 보이지 않는다.

```
server.serveStatic("/", LittleFS, "/");
```

마지막으로 server.brgin(); 명령어로 서버를 시작하면 된다.

코어 프로그램 전체는 다음과 같다.

```
#include <ESPAsyncTCP.h>
#include <ESPAsyncWebServer.h>
#include <LittleFS.h>

const char* ssid      = "라우터의 SSID";
const char* password = "라우터 패스워드";

IPAddress ip(192, 168, 1, 21);
IPAddress gateway(192, 168, 1, 1);
IPAddress subnet(255, 255, 255, 0);
IPAddress dns(192, 168, 1, 1);

AsyncWebServer server(80);

void setup() {
  Serial.begin(115200);
  Serial.print("Connecting to ");
  Serial.println(ssid);
  WiFi.mode(WIFI_STA);
  WiFi.begin(ssid, password);
  if (!WiFi.config(ip, gateway, subnet, dns))
```

```
  {
    Serial.println("Static IP Configuration Failed");
  }
  while (WiFi.status() != WL_CONNECTED) {
    delay(500);
    Serial.print(".");
  }

  Serial.println("");
  Serial.println("WiFi connected.");
  Serial.println("IP address: ");
  Serial.println(WiFi.localIP());

  if (!LittleFS.begin()) {
    Serial.println("An error has occurred while mounting LittleFS");
  }
  Serial.println("LittleFS mounted successfully");

  server.on("/", HTTP_GET, [](AsyncWebServerRequest *request){
  request->send(LittleFS, "/index.html", "text/html");
  });
  server.serveStatic("/", LittleFS, "/");
  server.begin();
}

void loop() {
  // put your main code here, to run repeatedly:
}
```

data 폴더 안에 있는 index.html 파일과 style.css 파일을 LittleFS 파일시스템에 올리자. 메뉴에서 Tools – ESP8266 LittleFS Data Upload를 선택하면 파일이 올라가고, LittleFS image Uploaded 메시지가 [그림 3.3.1]과 같이 프로그램 창과 모니터 창 사이에 나타난다.

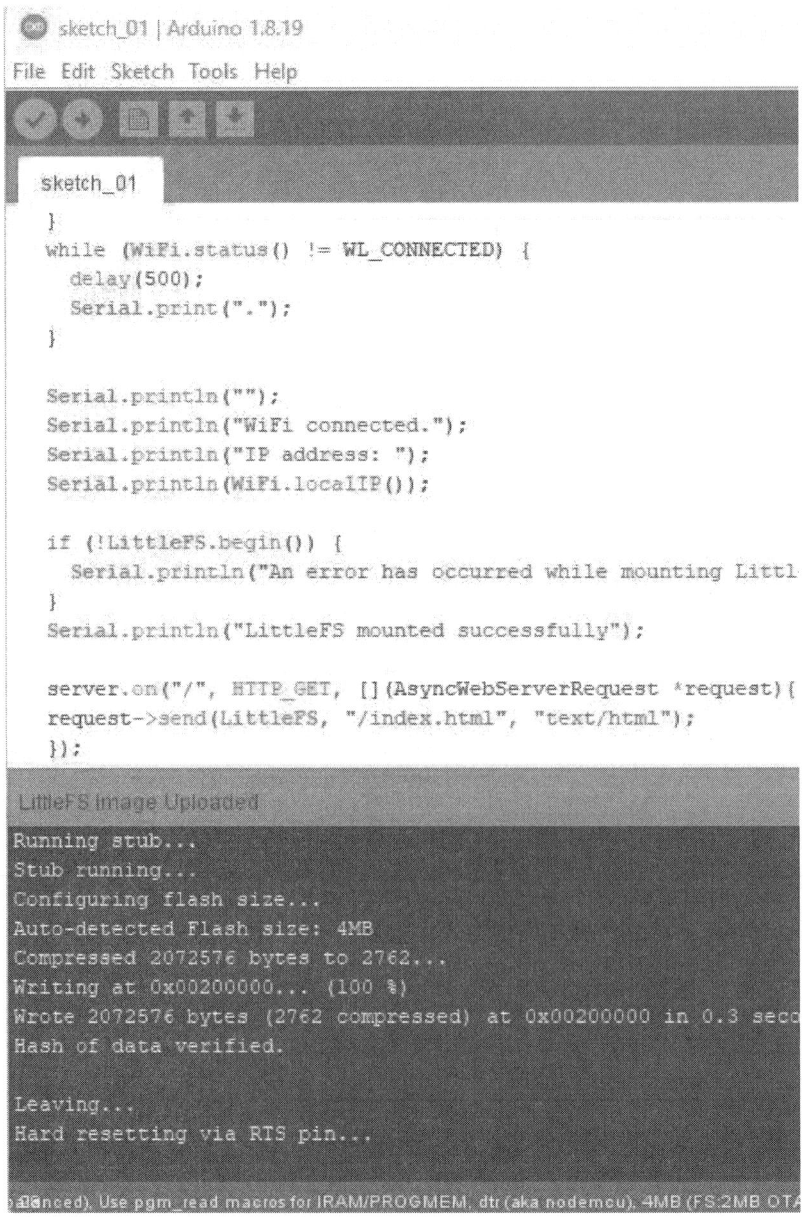

[그림 3.3.1] LittleFS image Uploaded

[그림 3.3.2] 프로그램 업로드

프로그램을 컴파일해서 문제가 없다면 프로그램 업로드 버튼(메뉴 아래 오른쪽 화살표)을 눌러서 프로그램을 업로드 한다. 업로드가 끝나면 [그림 3.3.2]와 같이 Done Uploading이라고 메시지가 프로그램 창과 모니터 창 사이에 나타난다.

이제 컴퓨터에서 웹브라우저나 휴대전화에서 웹브라우저를 열고 주소 창에 http://192.18.1.21 을 넣어보자. [그림 3.3.3]과 같이 웹페이지가 열린 것을 볼 수 있다.

[그림 3.3.3]은 휴대전화에서 ESP8266으로 접속한 화면이다.

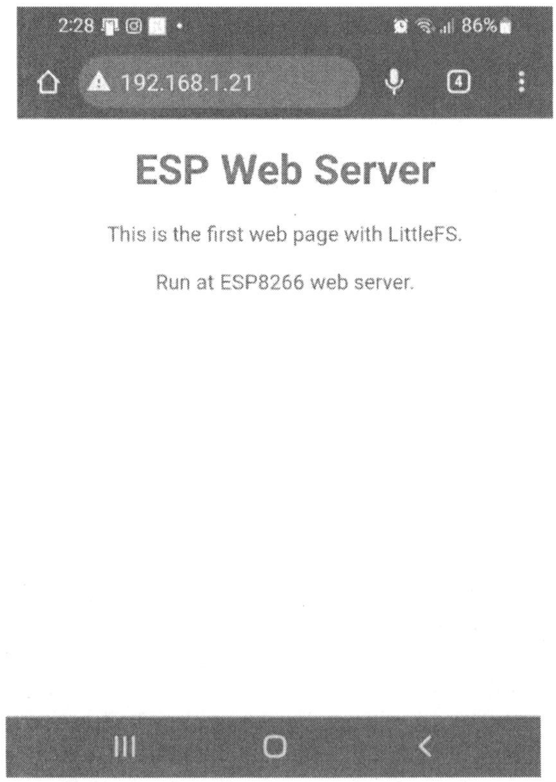

[그림 3.3.3] 휴대전화에서 ESP8266에 접속한 화면

3.4 웹페이지에서 스위치 제어

여기서는 2장에서 만든 프로그램을 웹페이지와 제어용 코어 프로그램으로 분리하여 웹페이지는 LittleFS 파일 시스템에 올리고, 제어용 프로그램은 User 프로그램영역에 분리해서 올리는 방법을 알아보자. 이번에도 ESP8266 회로는 [그림 2.4.2] 핀 번호 확인용 회로를 사용한다.

2.5.5절에서는 스위치 상태에 따라 스위치 상태 값이 포함된 html 코드로 재조립하여 클라이언트에 보내는 방법으로 스위치 상태에 따라 웹페이지를 바꾸는 것이 간단했다. 그러나 정해진 웹페이지를 주어진 조건과 상태에 따라 바꾸려면 자바스크립트를 사용해서 웹페이지 값을 바꾸는 프로그램을 만들어 넣어야 한다.

먼저 자바스크립트를 사용하지 않고 피드백 없이 간단히 스위치를 제어하는 프로그램부터 시작하고 자바스크립트를 이용한 좀 더 많은 기능을 넣은 프로그램은 Visual Studio Code에서 PlatformIO를 이용해서 만들도록 하자. 이 부분은 4장에서 설명한다.

3.4.1 간단한 스위치 제어

arduinoIDE에 빈 창을 하나 열고 sketch_webSW1이라는 이름으로 저장하자.

다음은 웹페이지에 2개의 스위치를 하나는 SW1 다른 하나는 SW2로 만들고 index.html 이름으로 sketch_webSW1 폴더 안에 data 폴더를 만들고 그 안에 넣자.

html 파일은 다음과 같다.

```
<!DOCTYPE html>
<html>
<head>
<title>ESP Web Server</title>
<meta name="viewport" content="width=device-width, initial-scale=1">
<link rel="stylesheet" type="text/css" href="style.css">
</head>
<body>
<h1>ESP8266 Web Switch 1 </h1>
<p></p>
<p><a href="/5"><button class="button1">SW1</button></a></p>
<p><a href="/4"><button class="button2">SW2</button></a></p>
</body>
</html>
```

style.css 파일은 다음과 같다.

```
html {
    font-family: Helvetica;
    display: inline-block;
    margin: 0px auto;
    text-align: center;
}
body {
}
.button1 {
```

```
        background-color: RED;
        border: none;
        color: white;
        width: 200px;
        height: 50px;
        text-decoration: none;
        font-size: 30px;
        margin: 2px;
        cursor: pointer;
    }
    .button2 {
        background-color: BLUE;
        border: none;
        color: white;
        width: 200px;
        height: 50px;
        text-decoration: none;
        font-size: 30px;
        margin: 2px;
        cursor: pointer;
    }
```

index.html 파일을 웹브라우저로 열면 [그림 3.4.1.1]과 같다.

[그림 3.4.1.1] 웹페이지 미리보기

이제 코어 프로그램을 만들자.

```
#include <ESPAsyncTCP.h>
#include <ESPAsyncWebServer.h>
#include <LittleFS.h>
```

위와 같이 먼저 헤더 파일을 지정하고 WiFi 연결을 위해서 라우터 SSID와 패스워드를 지정하고 ESP8266 웹서버 IP를 192.168.1.21로 지정한다. IP는 사용하는 라우터에 맞게 지정하면 된다.

```
IPAddress ip(192, 168, 1, 21);
IPAddress gateway(192, 168, 1, 1);
```

```
IPAddress subnet(255, 255, 255, 0);
IPAddress dns(192, 168, 1, 1);
```

웹서버는 AsyncWebServer server(80); 명령으로 지정한다. 여기서 80은 http 포트를 지정한 것으로 80이 기본값이다. 만일 필요에 따라 바꾸려면 이 명령어에서 포트 번호를 바꾸면 된다.

```
const int output5 = 5;
const int output4 = 4;
```

명령은 GPIO 5번과 4번을 스위치 1과 스위치 2로 사용하므로 두 개 포트를 정수 상수로 지정했다.

처음 한번 실행하는 setup()에는 필요한 설정 명령들을 넣는다.
Serial.begin(115200); 명령은 시리얼 모니터로 상태를 출력하기 위해 통신속도를 115200 baud로 정했다.

```
pinMode(output5, OUTPUT);
pinMode(output4, OUTPUT);
digitalWrite(output5, LOW);
digitalWrite(output4, LOW);
```

GPIO 5번과 4번을 출력으로 정하고 0을 초깃값으로 넣어 두 스위치가 모두 꺼진 상태로 만든다.

WiFi.mode(WIFI_STA); 명령은 WiFi를 Station Mode로 설정해서 라우터에 연결해서 서비스할 수 있도록 했다.

다음은 WiFi 연결부분이다.

```
WiFi.begin(ssid, password);
  if (!WiFi.config(ip, gateway, subnet, dns))
  {
    Serial.println("Static IP Configuration Failed");
  }
  while (WiFi.status() != WL_CONNECTED) {
    delay(500);
    Serial.print(".");
  }
```

지정된 고정 IP로 라우터에 연결하고 연결에 실패하면 fail 메세지를 시리얼 모니터로 전송한다. 연결에 성공하면 연결된 IP 주소를 시리얼 모니터로 출력하도록 했다.

LittleFS.begin() 명령어로 LittleFS 파일 시스템을 시작한다. 정해진 메모리 영역을 파일 시스템과 연결시키는 명령이다.

```
if (!LittleFS.begin()) {
  Serial.println("An error has occurred while mounting LittleFS");
}
Serial.println("LittleFS mounted successfully");
```

server.on()은 callback function으로 클라이언트에서 GET Method로 요청이 들어올 때 GET Method 변수에 따라 적절한 동작을 하도록 했다.

```
server.on("/", HTTP_GET, [](AsyncWebServerRequest *request){
request->send(LittleFS, "/index.html", "text/html");
});
```

GET Method가 변수 없이 요청되면 LittleFS 파일 시스템에 있는 text/html 형태의 index.html 파일을 요청한 클라이언트에게 전송하도록 한 명령으로 setup() 안에 설정해두면 된다.

```
server.on("/5", HTTP_GET, [](AsyncWebServerRequest *request){
  if(digitalRead(output5))
    digitalWrite(output5, LOW);
   else
    digitalWrite(output5, HIGH);
request->send(LittleFS, "/index.html", "text/html");
});
```

GET Method가 "/5" 변수와 함께 요청되면 GPIO 5번 상태를 읽고 HIGH이면 LOW로 LOW면 HIGH로 바꾸고 index.html 파일을 요청한 클라이언트에게 전송하는 명령이다.

```
server.on("/4", HTTP_GET, [](AsyncWebServerRequest *request){
  if(digitalRead(output4))
    digitalWrite(output4, LOW);
   else
    digitalWrite(output4, HIGH);
 request->send(LittleFS, "/index.html", "text/html");
 });
```

이 부분도 마찬가지로 GET Method가 "/4" 변수와 함께 요청되면 GPIO 4번 상태를 읽고 HIGH이면 LOW로 LOW면 HIGH로 바꾸고 index.html 파일을 요청한 클라이언트에게 전송하는 명령이다.

index.html 파일에 버튼 부분을 보면

<p><a href="/5"><button class="button1">SW1</button></a></p>

<p><a href="/4"><button class="button2">SW2</button></a></p>

href="/5" 이 있는 스위치1이 GPIO 5번을 끄고 켜는 스위치고, href="/4" 이 있는 스위치2가 GPIO 4번을 끄고 켜는 스위치가 된다.

server.serveStatic("/", LittleFS, "/"); 명령은 LittleFS 파일 시스템의 루트를 지정하는 명령으로 html 파일에서 <link rel="stylesheet" type="text/css" href="style.css">같이 style을 파일로 지정해서 넣었을 경우 파일 시스템 루트가 지정되지 않으면 style 파일을 불러올 수 없고 html 페이지가 원하는 형태로 보이지 않는다. 또한 자바스크립트를 파일에서 불러서 쓸 경우도 마찬가지다.

마지막으로 설정이 모두 끝나면 server.begin(); 명령으로 서버를 시작한다.

전체 코어 프로그램은 다음과 같다.

```
#include <ESPAsyncTCP.h>
#include <ESPAsyncWebServer.h>
#include <LittleFS.h>

const char* ssid     = "라우터의 SSID";
const char* password = "라우터 패스워드";

IPAddress ip(192, 168, 0, 21);
```

```
IPAddress gateway(192, 168, 0, 1);
IPAddress subnet(255, 255, 255, 0);
IPAddress dns(192, 168, 0, 1);

AsyncWebServer server(80);

const int output5 = 5;
const int output4 = 4;

void setup() {
  Serial.begin(115200);
  pinMode(output5, OUTPUT);
  pinMode(output4, OUTPUT);
  digitalWrite(output5, LOW);
  digitalWrite(output4, LOW);

  Serial.print("Connecting to ");
  Serial.println(ssid);
  WiFi.mode(WIFI_STA);
  WiFi.begin(ssid, password);
  if (!WiFi.config(ip, gateway, subnet, dns))
  {
    Serial.println("Static IP Configuration Failed");
  }
  while (WiFi.status() != WL_CONNECTED) {
    delay(500);
    Serial.print(".");
  }
```

```
    Serial.println("");
    Serial.println("WiFi connected.");
    Serial.println("IP address: ");
    Serial.println(WiFi.localIP());

    if (!LittleFS.begin()) {
      Serial.println("An error has occurred while mounting LittleFS");
    }
    Serial.println("LittleFS mounted successfully");

    server.on("/", HTTP_GET, [](AsyncWebServerRequest *request){
    request->send(LittleFS, "/index.html", "text/html");
    });

    server.on("/5", HTTP_GET, [](AsyncWebServerRequest *request){
      if(digitalRead(output5))
        digitalWrite(output5, LOW);
       else
        digitalWrite(output5, HIGH);
    request->send(LittleFS, "/index.html", "text/html");
    });

      server.on("/4", HTTP_GET, [](AsyncWebServerRequest *request){
      if(digitalRead(output4))
        digitalWrite(output4, LOW);
       else
        digitalWrite(output4, HIGH);
    request->send(LittleFS, "/index.html", "text/html");
    });
```

```
    server.serveStatic("/", LittleFS, "/");

    server.begin();
  }

  void loop(){

  }
```

코어 프로그램이 완성되면 컴파일해서 에러가 없는지 확인하고 코어프로그램을 ESP8266에 올린다. 또한 data 폴더에 넣은 html과 css 파일도 LittleFS 파일 시스템에 올린다. 업로드 방법은 3장 3절과 같다.

휴대전화나 컴퓨터 브라우저에 http://192.168.1.21 주소를 넣으면 [그림 3.4.1.2]와 같은 웹페이지가 열린다.

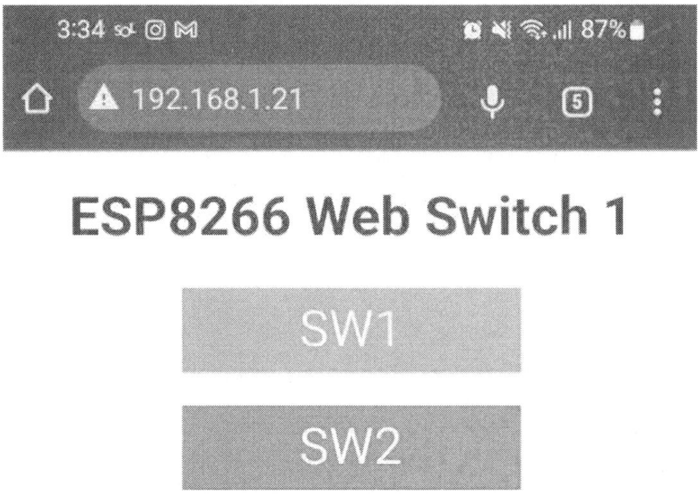

[그림 3.4.1.2] 휴대전화에서 ESP8266 웹서버 불러오기

SW1을 누르면 [그림 2.4.3]과 같이 GPIO 5번에 연결된 빨간색 LED가 버튼을 누를 때마다 켜지고 꺼지는 것을 반복하고 SW2를 누를 때마다 GPIO 4번에 연결된 파란색 LED가 켜지고 꺼지는 것을 반복한다.

04 Visual Studio Code를 이용한 ESP8266 프로그래밍

2장과 3장에서 Arduino IDE를 이용해서 ESP8266 프로그래밍하는 방법을 설명했고, 4장에서는 microsoft사의 visual studio code를 이용하는 방법을 설명한다. 어느 프로그램을 사용해도 결과는 같지만, 웹서버 프로그램을 할 경우는 visual studio code에서 PlatformIO 사용을 추천한다.

4.1 Visual Studio Code 설치

Visual studio code는 다음 사이트로 가면 받을 수 있다.

https://code.visualstudio.com/download

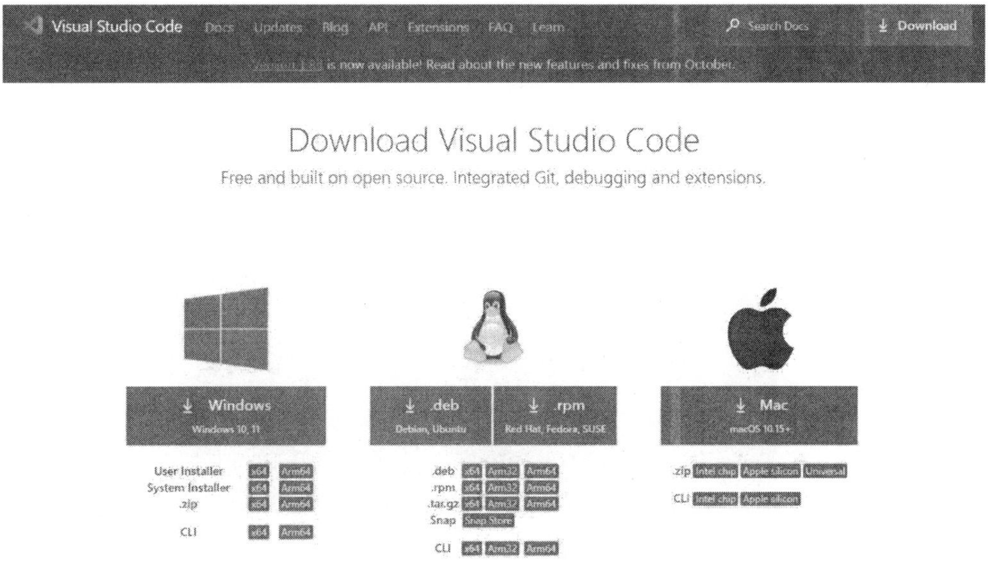

[그림 4.1.1] Visual studio code 다운로드

여기서는 윈도우에서 설치하는 것을 설명한다. 설치파일은 User Installer와 System Installer가 있는데 개인 소유의 컴퓨터는 System Installer를 받아서 설치할 것을 추천한다. 만일 공용 PC라면 User Installer를 받아서 설치하면 된다. 둘의 차이는 시스템 모든 사용자가 사용할 수 있는지와 설치하는 사용자만 사용할 수 있는지 차이이다. 당연히 설치위치도 다르게 된다.

[그림 4.1.1]의 Windows 아래 System Installer 옆 x64 버튼을 눌러서 프로그램을 받고 설치한다.

만일 자동으로 다운로드 되지 않는다면 x64 버튼을 눌렀을 때 넘어가는 [그림 4.1.2]와 같은 창에서 Download를 누르면 된다.

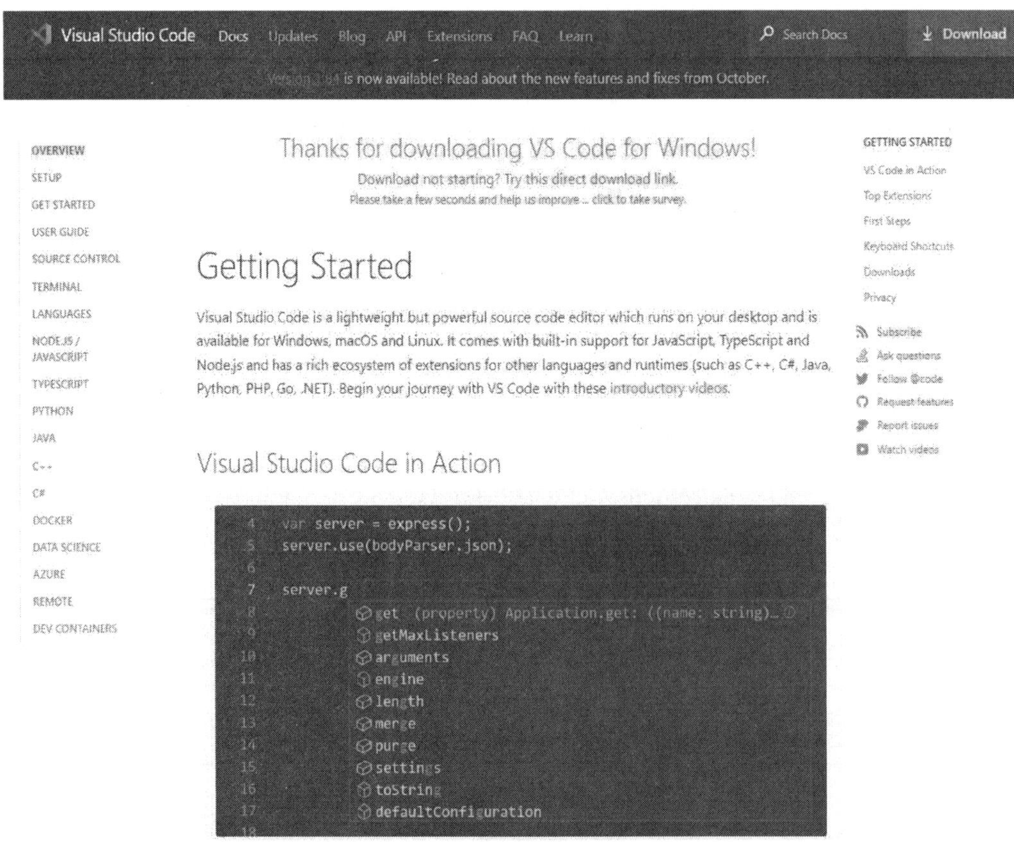

[그림 4.1.2] Visual studio code 설명

프로그램을 받은 후 프로그램을 실행해야 하는데 파일이 어디 있는지 모른다면 다운로드 폴더를 찾아서 파일을 실행하면 된다.

다운로드 위치는 기본적으로 C₩Users₩username₩Downloads이다.
여기서 username은 사용자 이름으로 각자 컴퓨터에 사용자로 등록된 이름이다.

설치파일을 실행하면 [그림 4.1.3]과 같이 사용권 계약을 해야 한다.

[그림 4.1.2] Visual studio code 설치 - 사용권 계약

동의하고 다음으로 넘어가자.

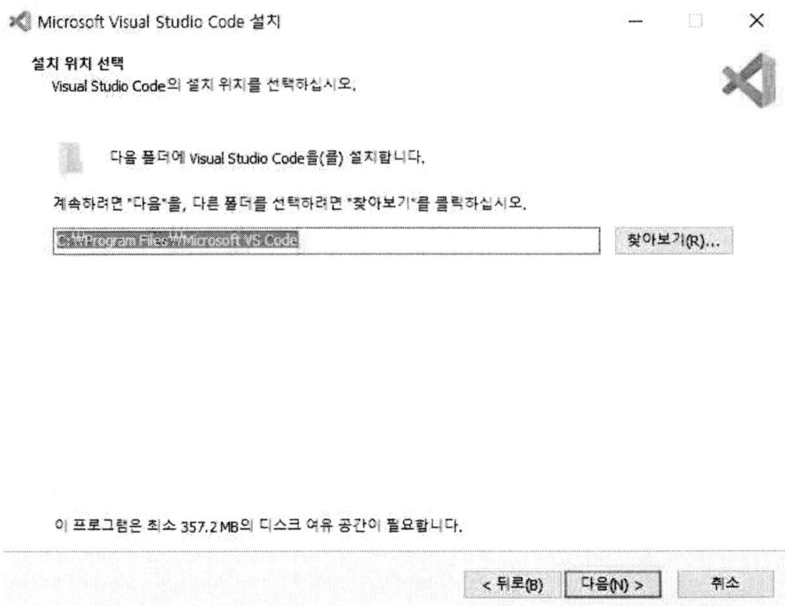

[그림 4.1.2] Visual studio code 설치 위치 선택

기본위치에 설치하자.

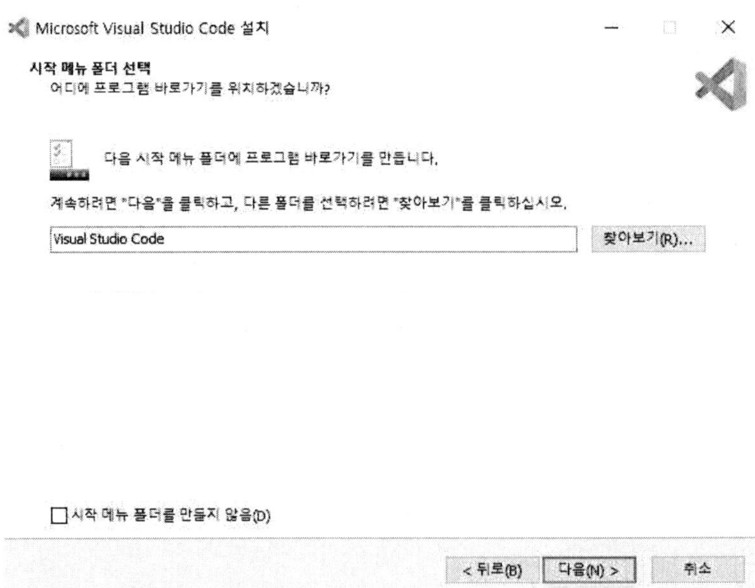

[그림 4.1.3] Visual studio code - 시작메뉴 폴더 선택

시작메뉴 폴더도 기본값으로 하자.

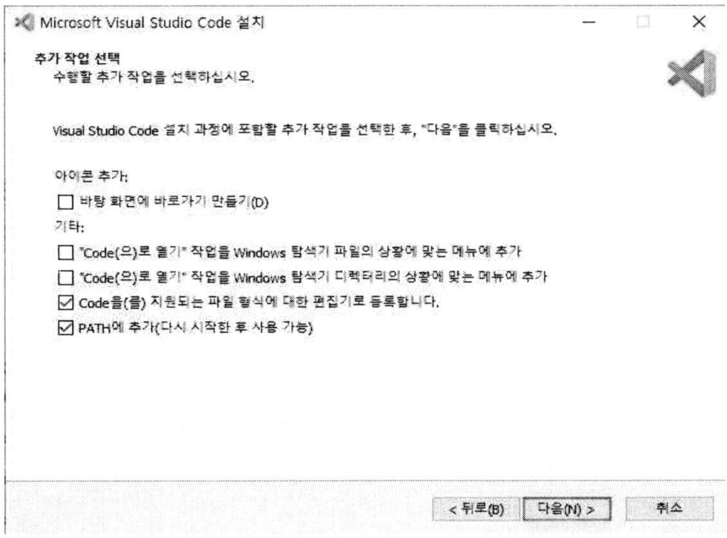

[그림 4.1.4] Visual studio code - Path 지정 등 추가 설정

설치를 시작하기 전에 설치 설정값을 확인하고 설치를 시작한다.

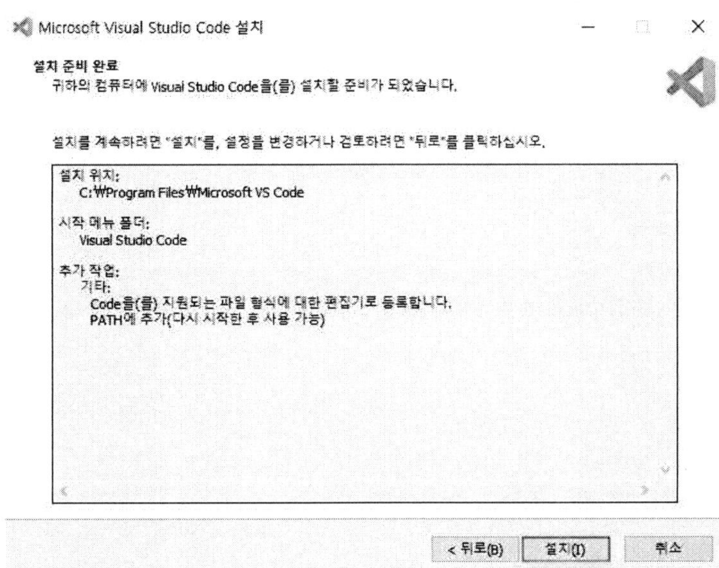

[그림 4.1.5] Visual studio code - 설치 설정값 확인

설치가 시작되면 [그림 4.1.6]과 같은 창이 나타나고 설치가 시작된다. [그림 4.1.6]과 같은 창이 나타나면 설치가 된 것이다.

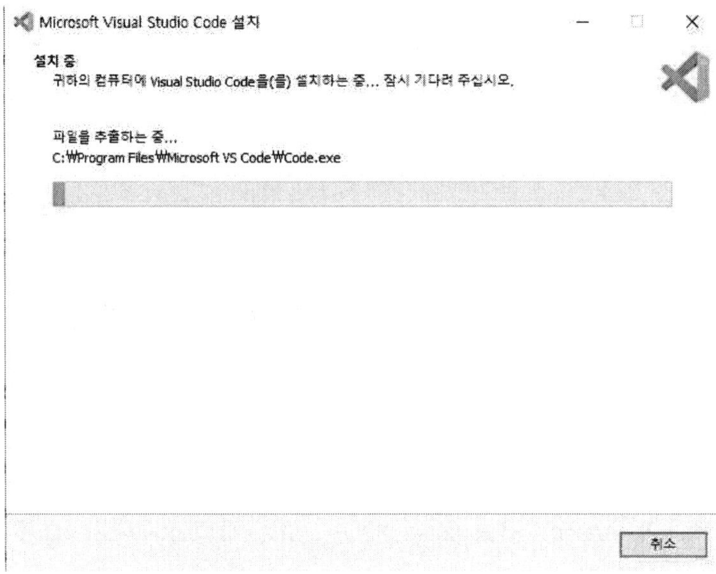

[그림 4.1.6] Visual studio code - 설치 중

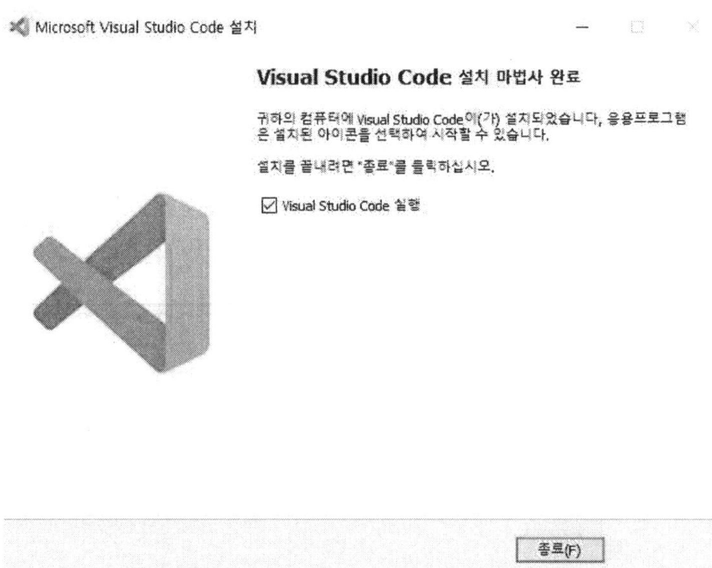

[그림 4.1.6] Visual studio code - 설치 완료

이제 Visual Studio Code를 실행하고 필요한 모듈을 설치하자.

4.2 PlatformIO IDE 설치

Visual Studio Code는 여러 종류의 프로그램을 할 수 있는 환경을 제공하므로 용도에 맞는 프로그램 모듈을 설치하고 또한 설정도 해야 한다.

Visual Studio Code를 실행하면 [그림 4.2.1]과 같은 창이 열린다. 먼저 사용 환경을 설정해야 하는데 Dark Modern 모드를 사용할 것을 추천한다. 여기에서는 스크린 캡처를 해야 하므로 Light Mordern 모드를 선택했다. Next Section 버튼을 누른다.

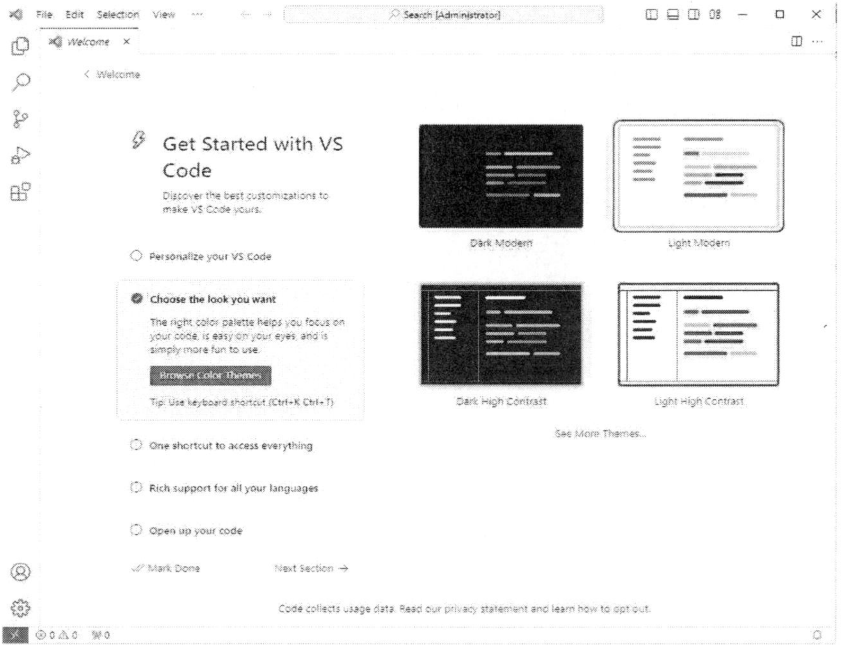

[그림 4.2.1] Visual studio code 실행

일단은 모두 기본값으로 두고 Next Section을 눌러 마지막 단계까지 가면 [그림 4.2.2]와 같이 Visual Studio Code 초기화면이 나타난다.

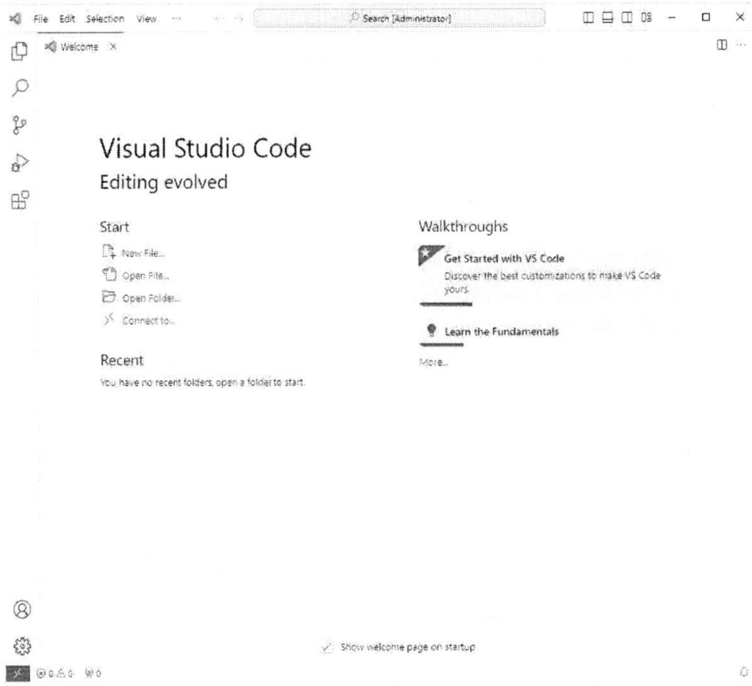

[그림 4.2.2] Visual studio code 초기화면

Visual Studio Code 실행 화면에서 [그림 4.2.3]과 같이 왼쪽 아이콘에 마우스를 놓으면 각 아이콘 기능 제목이 보인다.

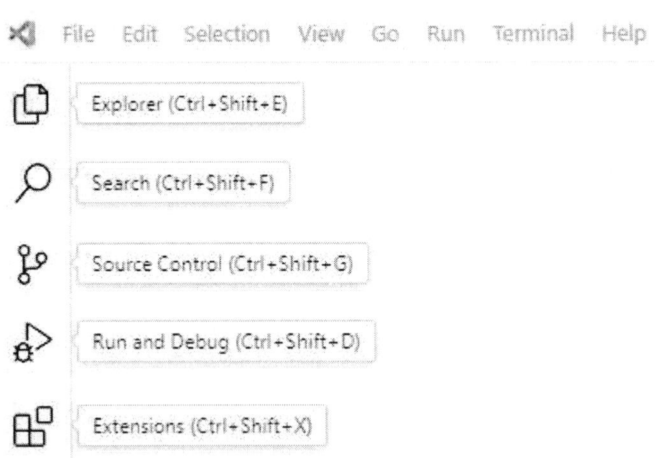

[그림 4.2.3] Visual studio code 아이콘 설명

각 기능설명은 사용하면서 하도록 하고 여기서는 먼저 Visual Studio Code에 필요한 Python Extension과 C/C++ Extension을 설치하자. Visual Studio Code에서 Extension 설치는 [그림 4.2.3] 마지막 아이콘 Extensions을 누르고 다음 절차대로 설치하면 된다.

Extensions 아이콘을 누르고 Python을 선택하면 [그림 4.2.4]와 같은 창이 나타난다. 만일 Python이 보이지 않는다면 Extenstions 내에 Search 창에 Python을 넣으면 찾을 수 있다.

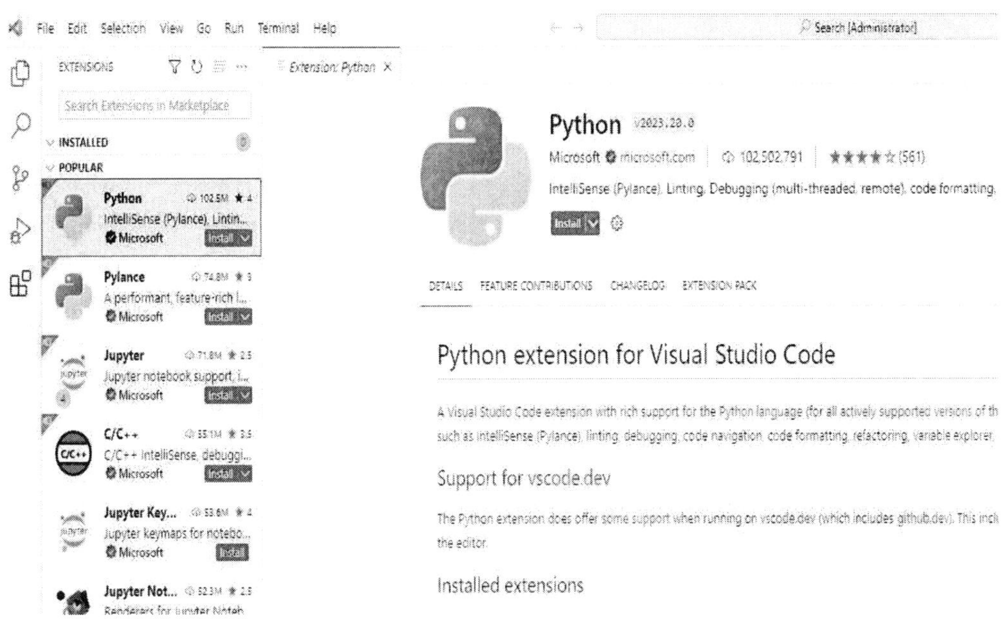

[그림 4.2.4] Extension 설치

[그림 4.2.4]에서 오른쪽 Python에 Install 버튼을 누르면 [그림 4.2.5]와 같이 두 가지 Version이 보이는데 여기서 Release Version을 설치하도록 한다.

마이크로 컨트롤러 프로그래밍을 하기 위한 용도로 Visual Studio Code를 사용하기 위해서는 PlatformIO IDE를 설치해야 한다.

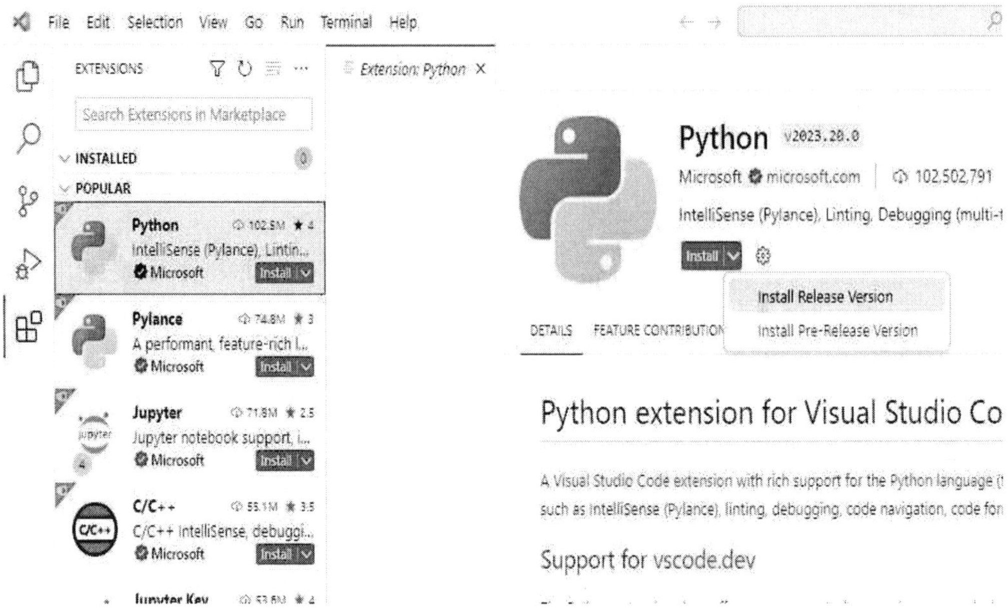

[그림 4.2.5] Python 설치

PlatformIO는 C/C++ Extension이 있어야 하는데 먼저 C/C++ Extension을 설치하고 PlatformIO를 설치해도 되고 C/C++ Extension을 설치 없이 PlatformIO를 설치해도 자동으로 PlatformIO가 C/C++ Extension을 설치한다.

PlatformIO에 대한 자세한 설명은 PlatformIO 홈페이지를 참조하기 바란다. 링크는 다음과 같다.

https://platformio.org/

PlatformIO IDE 설치는 다음과 같이 한다.
[그림 4.2.3]의 Extension 아이콘을 누르고 찾기 창에 PlatformIO를 써넣으면 [그림 4.2.6]과 같이 PlatformIO IDE가 보이고 이것을 클릭하면 오른쪽 창에 PlatformIO IDE 정보가 나타난다.

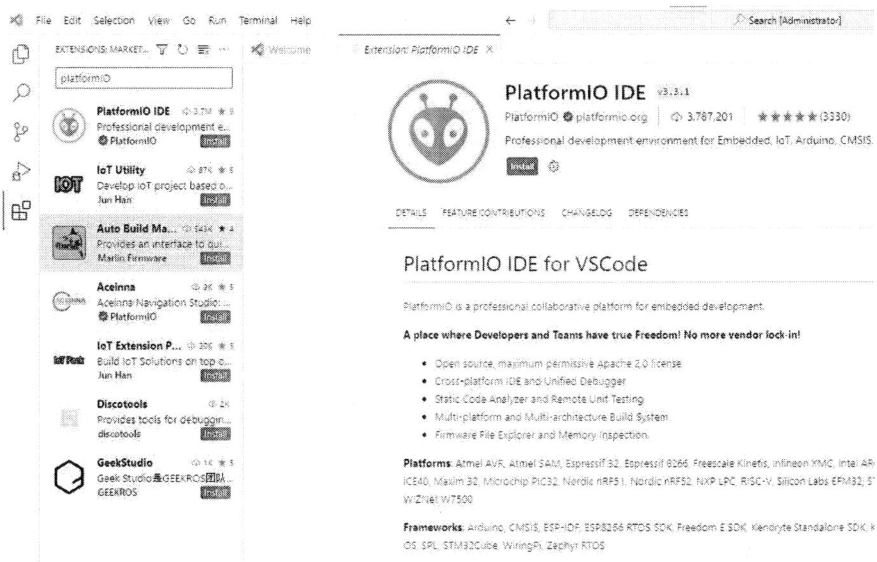

[그림 4.2.6] PlatformIO IDE 설치

오른쪽 창에 Install 버튼을 눌러 설치하자. 설치가 끝나면 Visual Studio Code를 다시 시작해야 한다. 다시 시작한 후 왼쪽 Extensions 아이콘을 누르면 [그림 4.2.7]과 같이 설치된 Extension을 볼 수 있다.

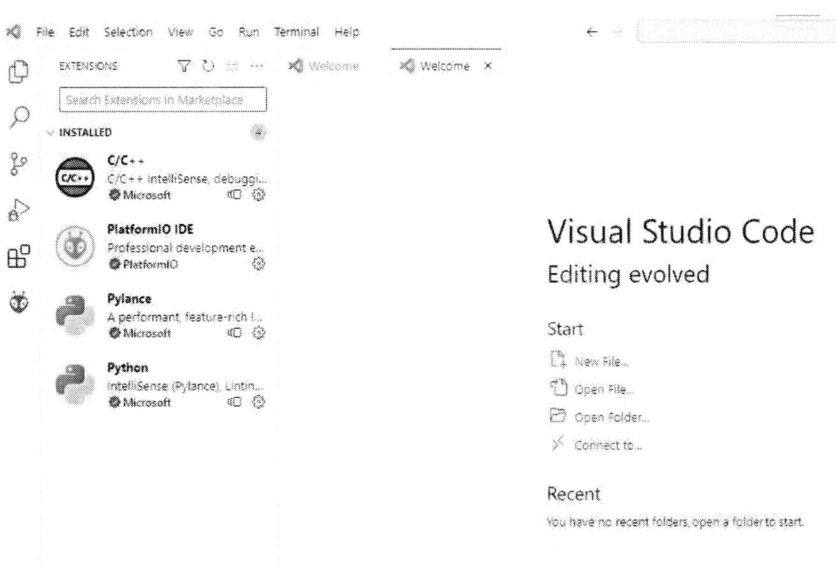

[그림 4.2.7] Visual Studio Code에 설치된 Extension 목록

4.3 PlatformIO 프로젝트

이제 PlatformIO를 이용해서 ESP8266을 프로그램하자. 먼저 왼쪽에 아이콘을 누르면 [그림 4.3.1]과 같이 PlatformIO가 시작된다.

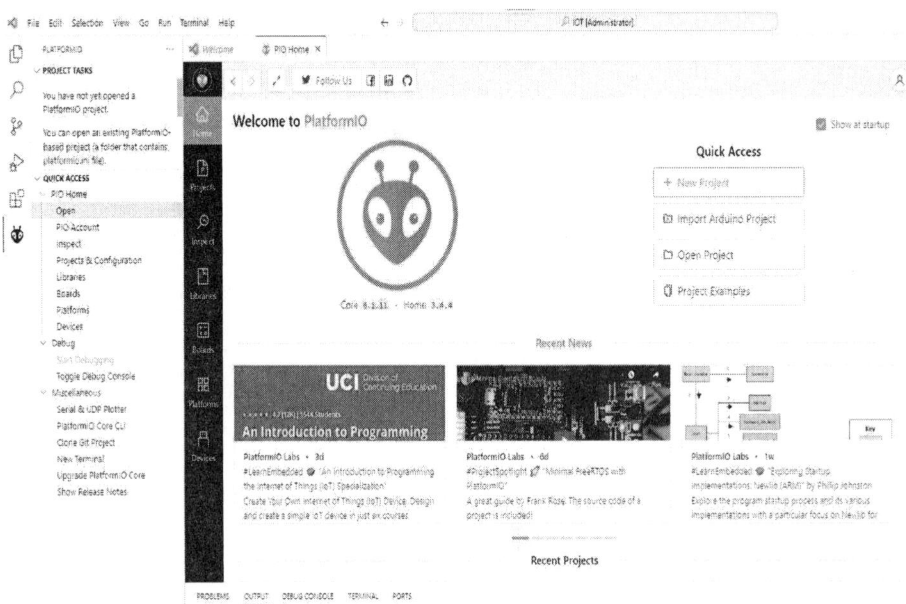

[그림 4.3.1] PlatformIO 새 프로젝트

오른쪽 New Project 버튼을 누르면 [그림 4.3.2]와 같이 Project Wizard가 열리고 새 프로젝트를 구성한다.

여기서 프로젝트 Name을 ESP8266-1(임의로 정하면 된다)로 넣고 Board에 8266을 넣으면 관련된 보드 목록이 나타나며 여기서 ESP8266 ESP-12E를 선택한다. 그리고 Framework는 Arduino를 선택하고 Finish 버튼을 누른다.

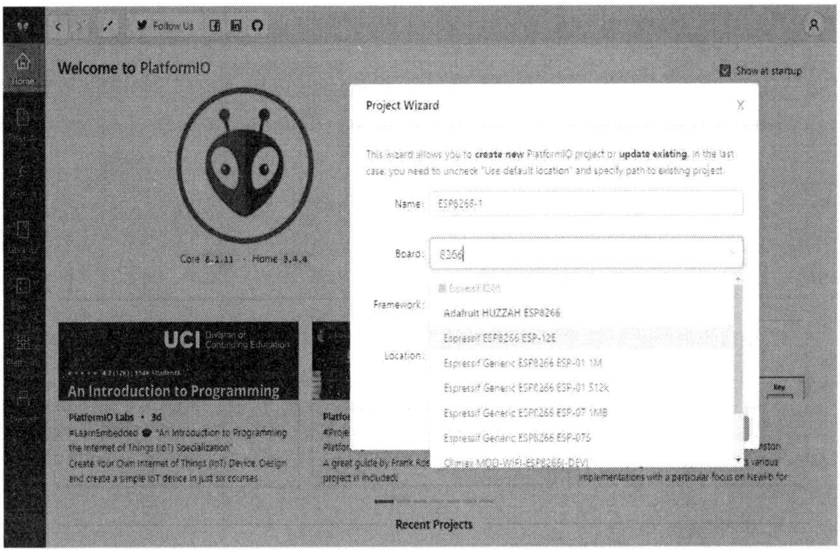

[그림 4.3.2] Project Wizard

다음은 Libraries에 들어가서 헤더 파일에 필요한 모듈을 설치해야 한다.

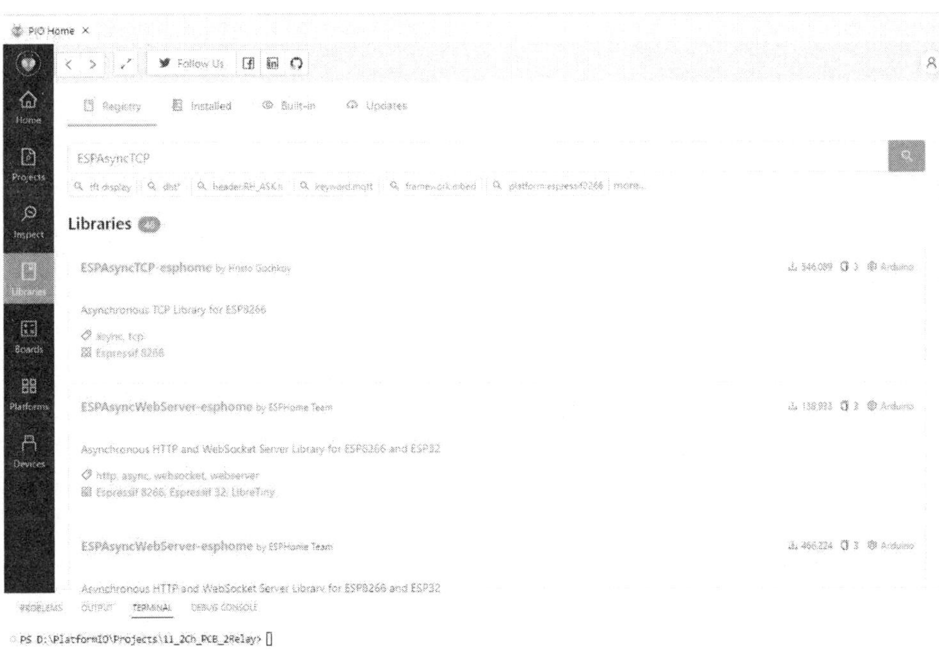

[그림 4.3.3] Library 찾기

ESPAsyncTCP를 찾기에 넣고 찾기 버튼을 누르면 [그림 4.3.3]과 같이 ESPAsyncTCP와 관련 있는 라이브러리 리스트가 나온다.

여기서 첫 번째 ESPAsyncTCP-esphome를 선택하고 누르면 [그림 4.3.4]와 같이 라이브러리 정보와 사용 예제가 나타난다.

Add to Project 버튼을 누르면 [그림 4.3.5]와 같이 Add project dependency 창이 뜨고 어느 프로젝트에 넣을 것인지 프로젝트를 선택해야 한다. 프로젝트를 선택하고 이 창에서 Add 버튼을 ESPAsyncTCP 라이브러리를 설치할 수 있다.

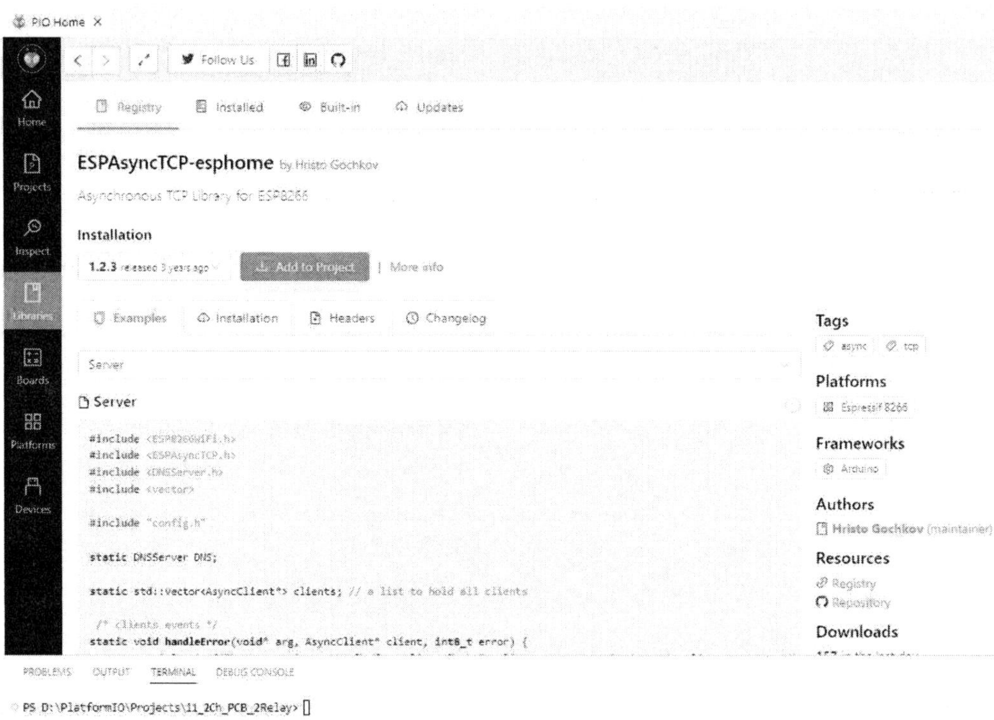

[그림 4.3.4] Library 설치

설치된 라이브러리는 왼쪽 Explorer 창에서 프로젝트 안에 platformio.ini를 클릭하면 그림 4.3.5와 같이 platformio.ini 파일 내용을 볼 수 있고, 여기서 마지막에 다음과 같이 ESPAsyncTCP 라이브러리가 추가 되어 있는 것을 볼 수 있다.

lib_deps = ottowinter/ESPAsyncTCP-esphome@^1.2.3

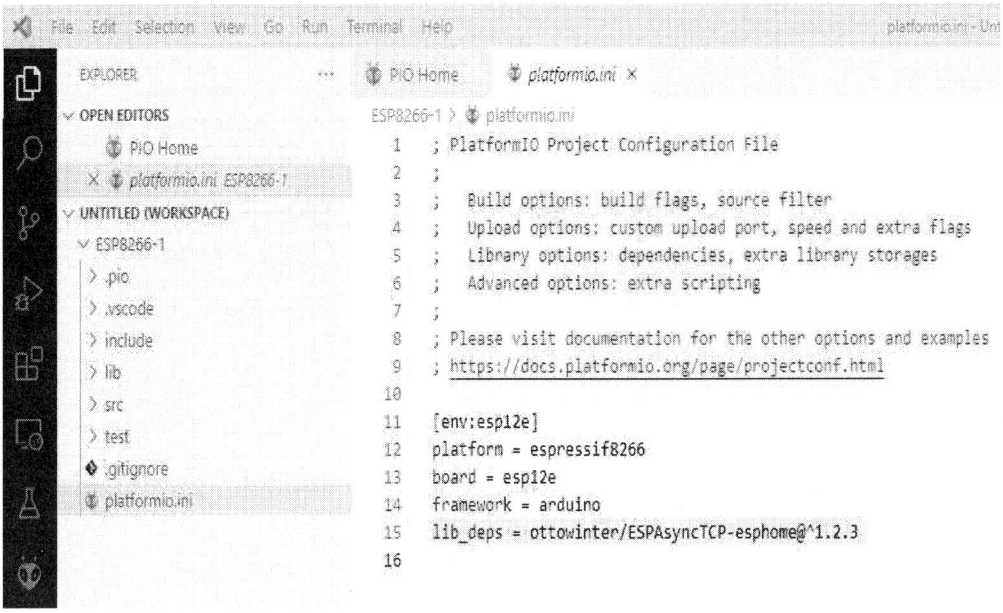

[그림 4.3.5] 설치된 Library

같은 방법으로 ESPAsyncWebServer를 찾아서 설치한다. 또한 ESP8266 파일 시스템을 구성하기 위해 LittleFS 헤더파일이 필요한데 아쉽게도 PlatformIO 라이브러리에 등록되지 않았다. 따라서 이 파일은 GitHub에서 받아서 넣어야 하고 platformio.ini 파일에도 수동으로 넣어야 한다.

LittleFS.h 파일은 다음 링크에 들어가서 받으면 된다.

https://github.com/esp8266/Arduino/tree/master/libraries/LittleFS/src

파일은 ESP8266-1 아래 include 폴더에 넣으면 된다.

platformio.ini 파일을 열어서 마지막 줄에 board_build.filesystem = littlefs 추가하면 된다.

수정된 platformio.ini 파일은 [그림 4.3.6]에 있다.

```
[env:esp12e]
platform = espressif8266
board = esp12e
framework = arduino
lib_deps =
    ottowinter/ESPAsyncTCP-esphome@^1.2.3
    ottowinter/ESPAsyncWebServer-esphome@^3.1.0
board_build.filesystem = littlefs
```

[그림 4.3.6] 수정된 platformio.ini

index.html 파일과 style.css 파일 등을 파일 시스템에 업로드를 위해서 ESP8266-1에 서브 폴더로 data 폴더를 만들어야 한다.

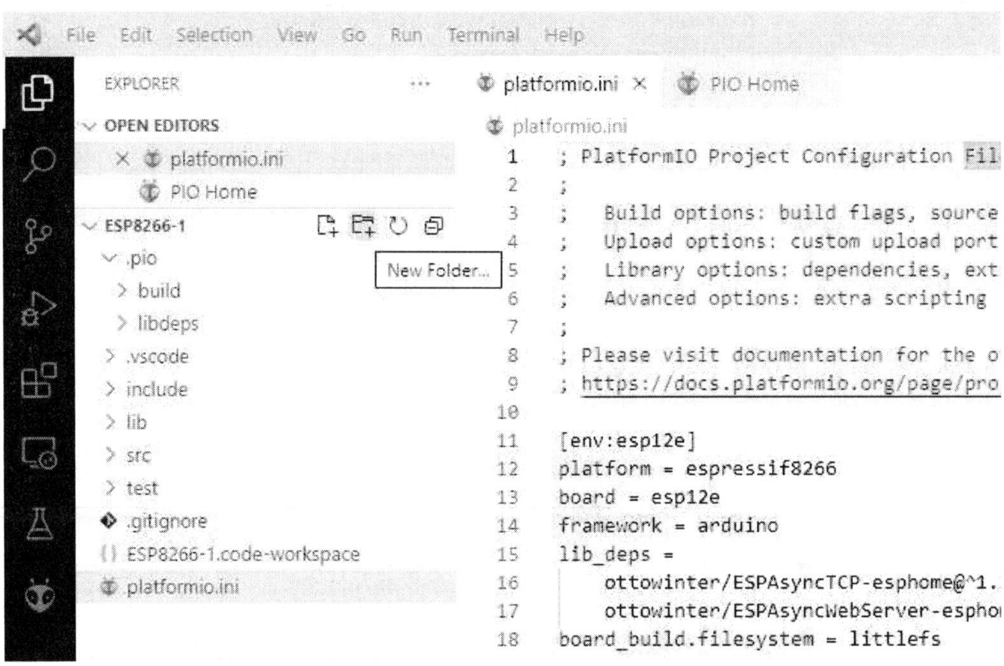

[그림 4.3.7] 서브 폴더 만들기

[그림 4.3.7]과 같이 VS Code EXPLORER 창에서 EXP8266-1 폴더 옆 두 번째 새 폴더 만들기 아이콘을 누르고 폴더 이름을 data로 넣는다.

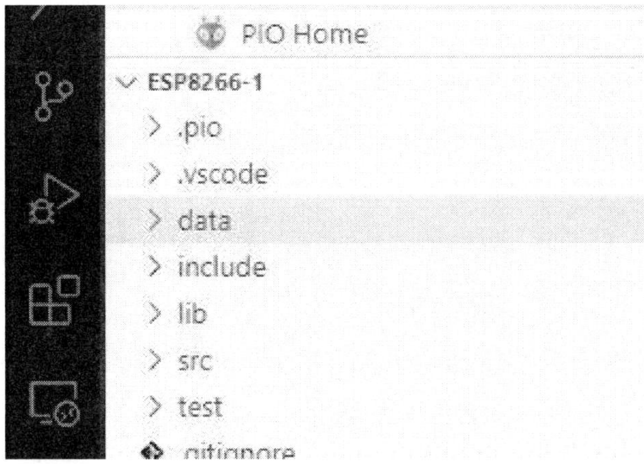

[그림 4.3.8] data 폴더

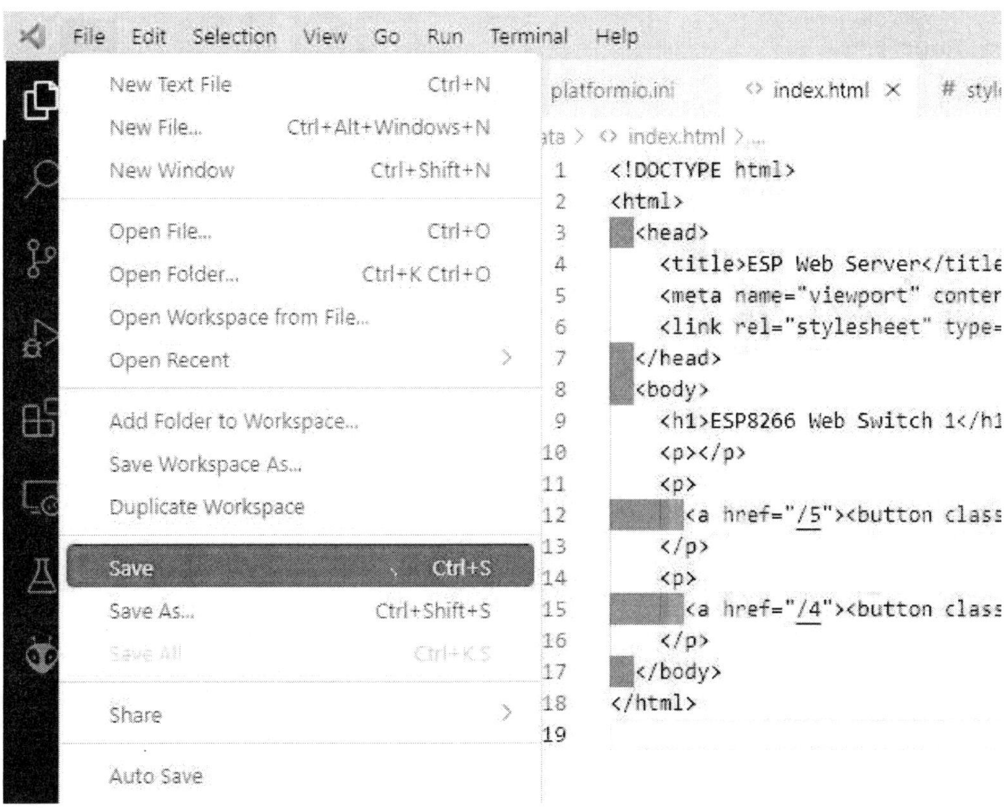

[그림 4.3.9] index.html 파일 저장

[그림 4.3.8]과 같이 data 폴더가 만들어진 것을 확인할 수 있다. 이제 프로그램에 사용할 index.html 파일과 style.css 파일을 data 폴더 안에 만들자. EXPLORER 창에 data 폴더를 선택하면 ESP8266-1 폴더 옆에 [그림 4.3.7]과 같이 아이콘들이 보이는데 첫 번째 아이콘이 새 파일을 만드는 것이다.

새 파일 아이콘을 누르고 파일 이름을 index.html로 넣는다. 그러면 오른쪽 창에 index.html 이름의 빈 파일 열린다.

여기에 3.4.1절에 사용했던 index.html 파일 내용을 그대로 복사해서 넣자. 이제 VS Code 메뉴에서 [그림 4.3.9]와 같이 File → Save를 선택해서 저장하면 된다.

index.html 파일은 다음과 같다.

```
<!DOCTYPE html>
<html>
  <head>
    <title>ESP Web Server PlatformIO</title>
    <meta name="viewport" content="width=device-width, initial-scale=1" />
    <link rel="stylesheet" type="text/css" href="style.css" />
  </head>
  <body>
    <h1>ESP8266 Web Switch PIO</h1>
    <p></p>
    <p>
      <a href="/5"><button class="button1">SW1</button></a>
    </p>
    <p>
      <a href="/4"><button class="button2">SW2</button></a>
    </p>
  </body>
</html>
```

같은 방법으로 style.css 파일도 새로 만들어서 저장한다.
style.css 파일은 다음과 같다.

```
html {
	font-family: Helvetica;
	display: inline-block;
	margin: 0px auto;
	text-align: center;
}
body {
}
.button1 {
	background-color: RED;
	border: none;
	color: white;
	width: 200px;
	height: 50px;
	text-decoration: none;
	font-size: 30px;
	margin: 2px;
	cursor: pointer;
}
.button2 {
	background-color: BLUE;
	border: none;
	color: white;
	width: 200px;
	height: 50px;
```

```
        text-decoration: none;
        font-size: 30px;
        margin: 2px;
        cursor: pointer;
    }
```

다음은 코어 프로그램을 만들어서 넣자. 코어 프로그램도 3.4.1절에 사용했던 프로그램을 PlatformIO 환경에 맞게 조금 수정해서 사용하면 된다.

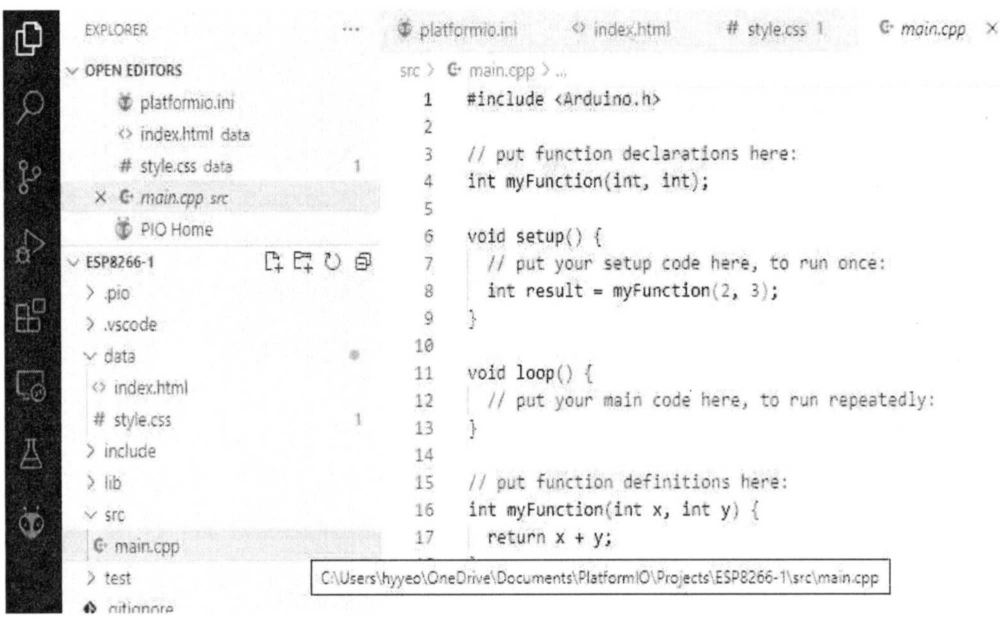

[그림 4.3.10] 코어 프로그램

PlatformIO에서 코어 프로그램은 scr 폴더 아래에 main.cpp 파일로 들어간다. 확장자가 cpp로 C++ 언어를 사용한다. 먼저 main.cpp 파일을 열면 그림 4.3.10과 같이 초기 프로젝트를 만들 때 기본 틀이 생성되어 있다. 프로그램 첫 줄에 #include <Arduino.h>만 빼고 내용을 모두 지우고 3.4.1절에 사용한 프로그램을 그대로 넣자.

main.cpp 프로그램은 다음과 같다. 여기서는 프로그램 환경설정을 이야기하므로 프로그램에 대한 자세한 설명은 4.4절에서 한다.

```
#include <Arduino.h>
#include <ESPAsyncTCP.h>
#include <ESPAsyncWebServer.h>
#include <LittleFS.h>

const char* ssid     = "라우터의 SSID";
const char* password = "라우터 패스워드";

IPAddress ip(192, 168, 1, 21);
IPAddress gateway(192, 168, 1, 1);
IPAddress subnet(255, 255, 255, 0);
IPAddress dns(192, 168, 1, 1);

AsyncWebServer server(80);

const int output5 = 5;
const int output4 = 4;

void setup() {
  Serial.begin(115200);
  pinMode(output5, OUTPUT);
  pinMode(output4, OUTPUT);
  digitalWrite(output5, LOW);
  digitalWrite(output4, LOW);

  Serial.print("Connecting to ");
```

```
Serial.println(ssid);
WiFi.mode(WIFI_STA);
WiFi.begin(ssid, password);
if (!WiFi.config(ip, gateway, subnet, dns))
{
  Serial.println("Static IP Configuration Failed");
}
while (WiFi.status() != WL_CONNECTED) {
  delay(500);
  Serial.print(".");
}

Serial.println("");
Serial.println("WiFi connected.");
Serial.println("IP address: ");
Serial.println(WiFi.localIP());

if (!LittleFS.begin()) {
  Serial.println("An error has occurred while mounting LittleFS");
}
Serial.println("LittleFS mounted successfully");

server.on("/", HTTP_GET, [](AsyncWebServerRequest *request){
request->send(LittleFS, "/index.html", "text/html");
});

server.on("/5", HTTP_GET, [](AsyncWebServerRequest *request){
  if(digitalRead(output5))
    digitalWrite(output5, LOW);
```

```
        else
          digitalWrite(output5, HIGH);
    request->send(LittleFS, "/index.html", "text/html");
    });

      server.on("/4", HTTP_GET, [](AsyncWebServerRequest *request){
      if(digitalRead(output4))
          digitalWrite(output4, LOW);
        else
          digitalWrite(output4, HIGH);
    request->send(LittleFS, "/index.html", "text/html");
    });
      server.serveStatic("/", LittleFS, "/");

    server.begin();
  }

  void loop(){

  }
```

여기서도 ESP8266 회로는 [그림 2.4.2] 핀 번호 확인용 회로를 사용한다. 먼저 회로를 USB로 PC와 연결하고, LittleFS 파일 시스템에 웹페이지 구성 파일을 올린다.

[그림 4.3.11]과 같이 PlatformIO 아이콘을 누르면 PlatformIO 창이 나타나다. 여기서 Building Filesystem Image 를 누르면 index.html 파일과 style.css 파일 등 data 폴더 있는 파일들을 메모리 포맷에 맞는 이미지파일로 만든다. 이미지 파일을 성공적으로 만들면 아래 터미널 창에 [그림 4.3.12]와 같이 SUCCESS라고 나타난다.

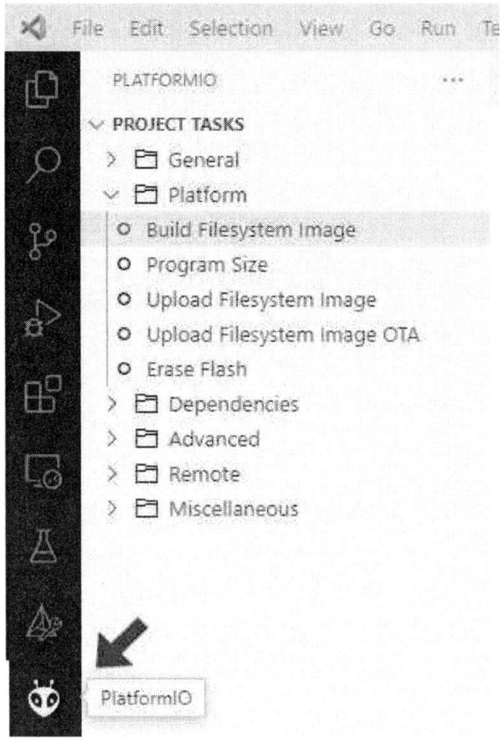

[그림 4.3.11] PlatformIO

[그림 4.3.12] 이미지 파일 만들기 성공

다음은 [그림 4.3.13]과 같이 Upload Filesystem Image를 누르면 이미지 파일이 LittleFS 파일 시스템에 올라간다.

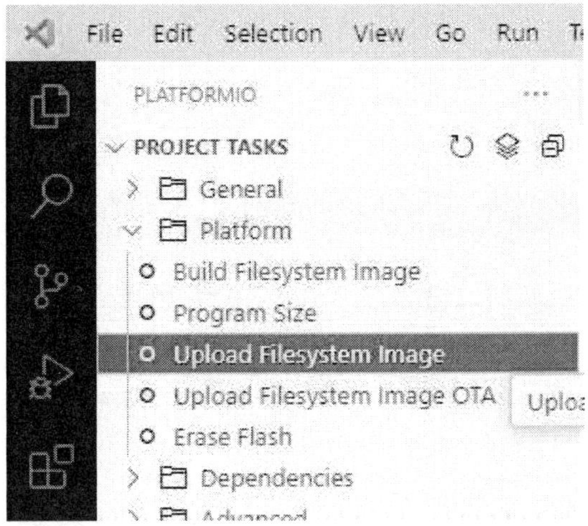

[그림 4.3.13] 이미지 파일 업로드

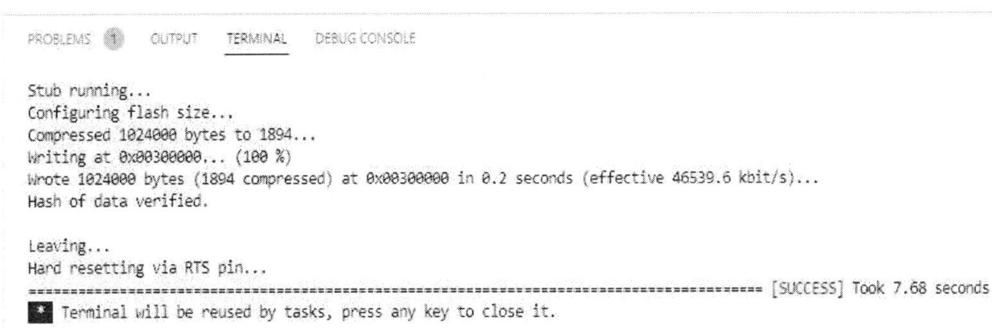

[그림 4.3.14] 이미지 파일 업로드 성공

이미지 파일이 성공적으로 업로드가 되면 아래 터미널 창에 [그림 4.3.14]와 같이 SUCCESS라고 나타난다.

코어 프로그램을 컴파일하기 전에 컴파일 환경을 설정해야 한다. [그림 4.3.15]와 같이 VS Code 맨 아래를 보면 Default(ESP8266-1)가 보인다. 여기서 ESP8266-1은 폴더 이름이고 Default는 컴파일 환경을 말한다.

이 상태로 컴파일하고 프로그램을 올려도 문제가 발생하지는 않지만, 장치에서는 프로그램이 제대로 동작하지 않는 경우가 많이 있다.

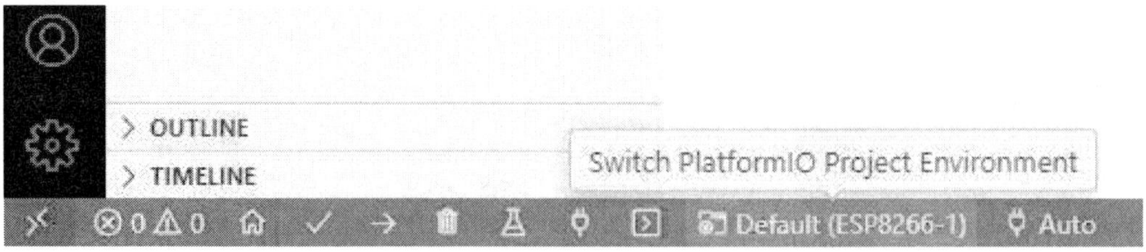

[그림 4.3.15] 컴파일 환경

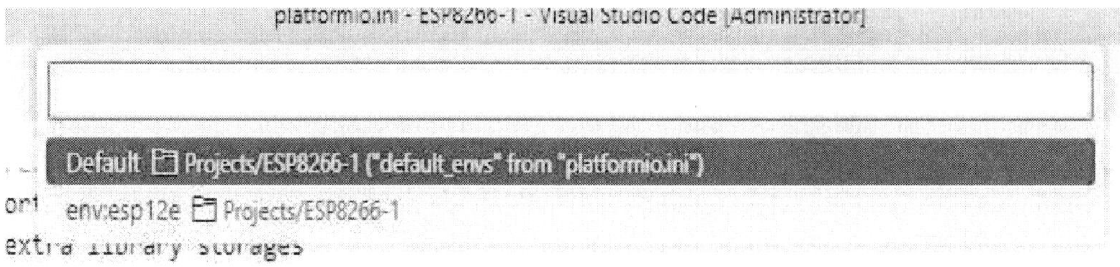

[그림 4.3.16] 컴파일 환경 변경

컴파일 환경을 바꾸기 위해 Default 부분을 누르면 [그림 4.3.16]과 같이 VS Code 위쪽 찾기 부분에 Default와 우리가 처음 프로젝트를 시작할 때 지정한 esp12e 두 개가 보이는데 이 중에서 esp12e를 선택한다.

이제 [그림 4.3.17]과 같이 컴파일 환경이 esp12e로 바뀐 것을 볼 수 있다.

[그림 4.3.17] 컴파일 환경설정 확인

준비되었으면 코어 프로그램을 컴파일하고 올려보자. 컴파일은 [그림 4.3.18]과 같이 VS Code 아래에 체크 모양의 아이콘에 마우스를 올려놓으면 Build라고 나타나고, 이 아이콘을 누르면 컴파일이 된다.

[그림 4.3.18] 컴파일 (Build) 버튼

컴파일에 에러가 없이 성공하면 아래 터미널 창에 [그림 4.3.19]와 같이 SUCCESS가 나타난다.

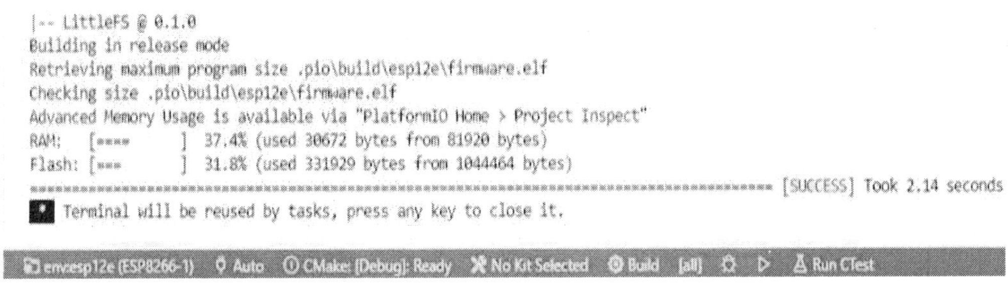

[그림 4.3.19] 컴파일 성공

컴파일된 프로그램을 ESP8266에 넣는 것은 [그림 4.3.20]과 같이 컴파일 체크 아이콘 오른쪽에 오른쪽 화살표 아이콘이 있고 이 아이콘에 마우스를 놓으면 Upload라고 나타난다. 이 아이콘을 누르면 파일이 업로드된다.

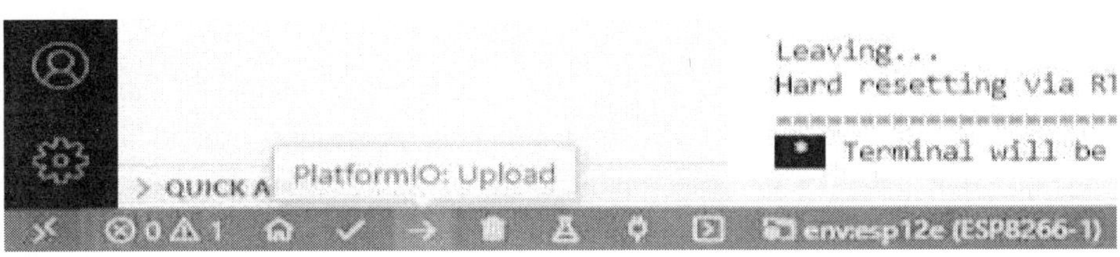

[그림 4.3.20] 업로드 버튼

업로드가 문제없이 성공하면 아래 터미널 창에 [그림 4.3.21]과 같이 초록색 SUCCESS가 나타난다.

[그림 4.3.21] 업로드 성공

이제 PC나 휴대전화에서 브라우저를 열고 주소창에 http://192.168.1.21/을 넣으면 그림 4.3.22와 같이 창이 열리고 SW1과 SW2를 누름에 따라 빨간색과 파란색 LED가 켜지고 꺼진다. 이로써 PlatformIO를 이용한 프로그램도 모두 정상 동작하는 것을 확인했다.

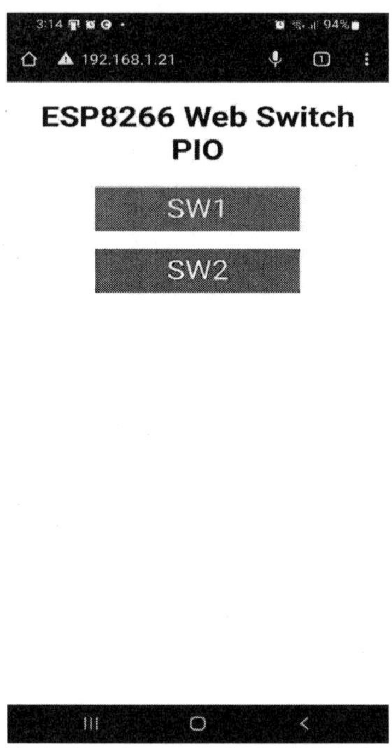

[그림 4.3.22] 휴대전화에서 실행

05 실제 사용을 위한 프로그래밍

앞에서 사용한 예제는 간단한 포트제어와 프로그램 사용법을 설명하기 위한 목적으로 최소의 코드로 프로그램을 만들었다. 프로그램을 보면 웹페이지에 간단히 스위치만 넣고 그 스위치를 누름에 따라 포트가 켜지고 꺼지도록 했다. 따라서 현재 스위치 상태가 켜져 있는지 또는 꺼져 있는지를 알 수 없어서 실제 사용에는 문제가 있다. 5장에서는 실제 사용할 수 있는 프로그램을 만들자.

5.1 버튼스위치와 상태 표시

먼저 스위치 상태를 읽어서 웹페이지에 표시하는 방법을 생각하자.

코어 프로그램에서 스위치 상태 변수로 portState5를 String 타입으로 정하고 여기에 포트 상태를 읽어서 상태에 따라 "ON" 또는 "OFF"를 넣는다. 이 값을 서버에서 클라이언트로 보내야 하는데 클라이언트에 올라가는 웹페이지 index.html에 STATE5라는 변수를 정하고 이 변수에 5번 포트 상태 값을 보내어 클라이언트에 상태 값을 표시하면 된다.

index.html에 상태를 표시하는 방법은 다음과 같다.

```
<p>State: %STATE5%</p>
```

<p></p>는 문단을 표시하는 html 구문이고 이 안에 들어 있는 문자가 웹페이지에 표시된다. 여기에 상태 값은 정해진 값이 아니라 변수의 값을 받아서 표시해야 하므로 STATE5라는 변수의 변숫값을 표시하는 방법은 %변수%와 같이 변수를 %%로 묶어서 html에 넣으면 변수 내용이 html에 표시된다.

따라서 위 html 문장은 State: ON 또는 State: OFF와 같이 STATE 변수 내용에 따라 다르게 표시된다.

이제 앞 4.3절에 사용한 프로그램을 수정해서 Switch를 누르면 포트 상태에 따라 GPIO 5번 포트를 켜거나 끄고 포트 상태를 표시하도록 프로그램을 만들자. 프로그램을 간단히 하기 위해서 5번 포트 하나만 사용하도록 프로그램을 만들었다.

5.1.1 코어 프로그램

- TCP 통신용 헤더파일 : ESPAsyncTCP.h
- 웹서버용 헤더파일 : ESPAsyncWebServer.h
- 파일 시스템을 위한 헤더파일 : LittleFS.h

이 헤더파일들을 먼저 #include로 넣어야 한다.

```
#include <ESPAsyncTCP.h>
#include <ESPAsyncWebServer.h>
#include <LittleFS.h>
```

연결할 라우터의 정보와 ESP 서버에 부여할 IP 주소를 다음과 같이 정하자.

```
const char* ssid     = "라우터의 SSID";
const char* password = "라우터 패스워드";
IPAddress ip(192, 168, 1, 21);
IPAddress gateway(192, 168, 1, 1);
IPAddress subnet(255, 255, 255, 0);
IPAddress dns(192, 168, 1, 1);
```

AsyncWebServer server(80) 명령은 비동기형 웹서버 설정 명령이고 이때 웹서버의 사용 포트는 80번이다. 이 번호를 바꾸면 다른 포트를 사용할 수 있다.

```
const int portNo = 5;
→ GPIO 5번 포트를 변수 portNo를 지정

String portState;
→ 포트 상태를 저장할 변수 portState를 문자열변수로 정함
```

메모리에 파일 시스템을 장착하는 명령은 LittleFS.begin() 이지만 만일 문제가 있다면 콘솔로 어디에 문제가 있는지를 보여주기 위해서 다음과 같이 파일 시스템 초기화 함수로 만든다. 문제가 발생하면 콘솔에 메시지가 나타나서 바로 알 수 있다.

```
void initFS()
{
  if (!LittleFS.begin())
  {
    Serial.println("An error has occurred while mounting LittleFS");
  }
  Serial.println("LittleFS mounted successfully");
}
```

WiFi 모드 설정과 초기화 명령은 WiFi.mode(WIFI_STA);과 WiFi.begin(ssid, password);이다.

WiFi 초기화와 설정된 IP 주소로 라우터에 연결하는 것도 다음과 같이 WiFi 초기화 함수를 만들어서 사용하면 편리하고 문제가 있다면 바로 알 수 있다.

```
void initWiFi()
{
  WiFi.mode(WIFI_STA);
  WiFi.begin(ssid, password);
  if (!WiFi.config(ip, gateway, subnet, dns))
  {
    Serial.println("Static IP Configuration Failed");
  }
  Serial.print("Connecting to WiFi ..");
  while (WiFi.status() != WL_CONNECTED)
  {
    Serial.print('.');
    delay(1000);
  }
  Serial.println(WiFi.localIP());
}
```

만일 요청된 변수가 index.html에서 상태를 표시하기 위해 넣은 STATE 변수가 맞으면 스위치 상태를 확인하고 스위치 상태에 따라 ON 또는 OFF를 STATE 변수로 반환하는 swstate 함수를 다음과 같이 만든다.

```
String swstate(const String &var)
{
  if (var == "STATE")
  {
    if (digitalRead(portNo))
    {
```

```
      portState = "ON";
    }
    else
    {
      portState = "OFF";
    }
    return portState;
  }
  return String();
}
```

server.serveStatic("/", LittleFS, "/"); 명령은 ESP 파일 시스템 루트를 지정하는 명령이다.

처음에 클라이언트에서 ESP 웹서버 루트로 접속했을 때 클라이언트로 index.html 파일을 보내주는 명령은 다음과 같다.

```
server.on("/", HTTP_GET, [](AsyncWebServerRequest *request) {
request->send(LittleFS, "/index.html", "text/html", false, swstate); });
```

server.on("/" ...) 명령에서 "" 안에 있는 문자열이 서버를 호출할 때 들어오는 값으로 이 값이 명령에 해당한다. 일반적으로 "/"는 루트를 의미하므로 여기서는 이 명령이 들어오면 index.html 파일을 보내주는데 명령 마지막에 swstate는 앞에서 정의한 swstate() 함수를 호출해서 index.html에 있는 STATE5 변수에 스위치 상태 값을 넣어서 보낸다.

클라이언트에서 "/"명령을 부르는 것은 http://192.168.1.21 와 같이 IP 주소를 부르는 것을 의미한다.

GPIO 5번 포트를 켜고 끄는 5 명령도 server.on("/5") 명령안에 포트 상태에 따라 digitalWrite 명령으로 포트를 켜고 끄는 명령을 넣으면 된다. 그 명령은 다음과 같다.

```
server.on("/5", HTTP_GET, [](AsyncWebServerRequest *request){
  if(digitalRead(portNo))
    digitalWrite(portNo, LOW);
  else
    digitalWrite(portNo, HIGH);
  request->send(LittleFS, "/index.html", "text/html", false, swstate); });
```

이 명령을 웹페이지 주소창에 http://192.168.1.21/5 와 같이 넣어도 코어 프로그램이 동작한다. 그러나 이것을 index.html에서 버튼 명령으로 연결하면 다음과 같다.

```
<a href="5"><button>Switch</button></a>
```

버튼을 누르면 html 태그 href가 http://192.168.1.21/5 호출하고 호출을 받은 서버는 5 명령안에 있는 대로 포트 상태에 따라 포트를 켜거나 끄고 다시 포트 상태를 읽어서 그 값과 함께 클라이언트로 index.html 파일을 전송한다. 클라이언트에서는 상태 값이 바뀐 index,html 파일로 업데이트하게 되고 스위치에 의해 바뀐 상태가 클라이언트 페이지에 나타나게 된다.

server.on() 명령은 웹서버용 헤더파일 ESPAsyncWebServer.h에 있는 명령으로 https://github.com/me-no-dev/ESPAsyncWebServer 문서에서 자세한 사항을 참고하기를 바란다.

main.cpp 코어 전체 프로그램은 다음과 같다.

```
#include <ESPAsyncTCP.h>
#include <ESPAsyncWebServer.h>
#include <LittleFS.h>

const char* ssid     = "라우터의 SSID";
const char* password = "라우터 패스워드";
IPAddress ip(192, 168, 1, 21);
IPAddress gateway(192, 168, 1, 1);
IPAddress subnet(255, 255, 255, 0);
IPAddress dns(192, 168, 1, 1);

AsyncWebServer server(80);
const int output5 = 5;
String portState5;
void initFS()
{
  if (!LittleFS.begin())
  {
    Serial.println("An error has occurred while mounting LittleFS");
  }
  Serial.println("LittleFS mounted successfully");
}
void initWiFi()
{
  WiFi.mode(WIFI_STA);
  WiFi.begin(ssid, password);
  if (!WiFi.config(ip, gateway, subnet, dns))
  {
```

```
    Serial.println("Static IP Configuration Failed");
  }
  Serial.print("Connecting to WiFi ..");
  while (WiFi.status() != WL_CONNECTED)
  {
    Serial.print('.');
    delay(1000);
  }
  Serial.println(WiFi.localIP());
}
String swstate(const String &var)
{
  if (var == "STATE5")
  {
    if (digitalRead(output5))
    {
      portState5 = "ON";
    }
    else
    {
      portState5 = "OFF";
    }
    return portState5;
  }
  return String();
}
void setup()
{
```

```
    Serial.begin(115200);
    initWiFi();
    initFS();
    pinMode(output5, OUTPUT);
    digitalWrite(output5, LOW);

    server.serveStatic("/", LittleFS, "/");

    server.on("/", HTTP_GET, [](AsyncWebServerRequest *request)
              { request->send(LittleFS, "/index.html", "text/html", false,
   swstate); });

    server.on("/5", HTTP_GET, [](AsyncWebServerRequest *request)
              {
      if(digitalRead(output5))
        digitalWrite(output5, LOW);
      else
        digitalWrite(output5, HIGH);
      request->send(LittleFS, "/index.html", "text/html", false, swstate);
});

    server.begin();
  }
  void loop()
  {
  }
```

웹페이지 index.html은 다음과 같다.

```
<!DOCTYPE html>
<html>
  <head>
    <title>ESP8266 Web Switch</title>
    <meta name="viewport" content="width=device-width, initial-scale=1" />
    <link rel="stylesheet" type="text/css" href="style.css" />
  </head>
  <body>
    <div class="hd">
      <h1>ESP8266 Web Switch</h1>
    </div>
    <div class="content">
      <div class="card-grid">
        <div class="card">
          <p>GPIO 5</p>
          <p>
            <a href="5"><button>Switch</button></a>
          </p>
          <p class="state">State: %STATE5%</p>
        </div>
      </div>
    </div>
  </body>
</html>
```

html 파일의 스타일을 정의한 style.css 파일은 다음과 같다.

```
html {
font-family: Arial, Helvetica, sans-serif;
text-align: center;
}
h1 {
font-size: 1.8rem;
color: white;
}
.hd {
overflow: hidden;
background-color: #0A1128;
}
body {
margin: 0;
}
.content {
padding: 50px;
}
.card-grid {
max-width: 800px;
margin: 0 auto;
display: grid;
grid-gap: 2rem;
grid-template-columns: repeat(auto-fit, minmax(200px, 1fr));
}
.card {
```

```
 background-color: white;
box-shadow: 2px 2px 12px 1px rgba(140,140,140,.5);
}
.card-title {
font-size: 1.2rem;
font-weight: bold;
color: #034078
}
.state {
font-size: 1.2rem;
color: #1282A2;
}
Button {
border: none;
color: #FEFCFB;
padding: 15px 32px;
text-align: center;
text-decoration: none;
font-size: 16px;
width: 100px;
border-radius: 4px;
transition-duration: 0.4s;
background-color: #b60000;
}
```

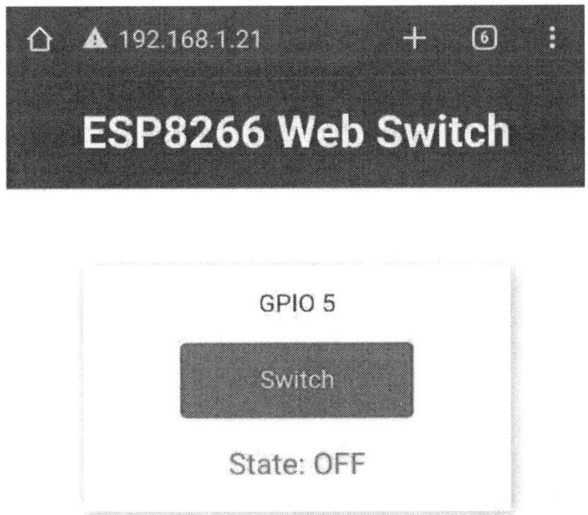

[그림 5.1.1] 스위치 OFF 상태

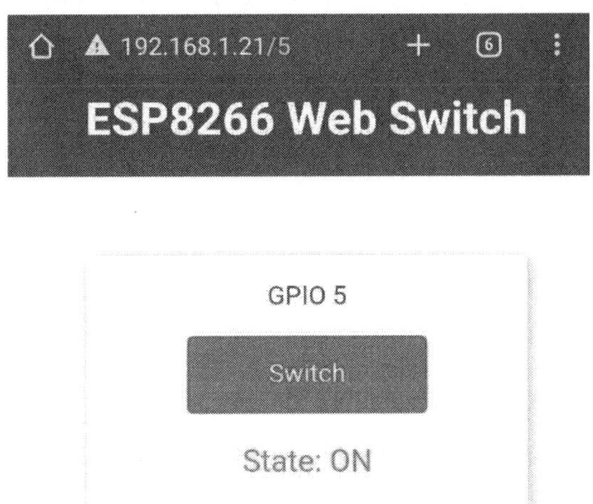

[그림 5.1.2] 스위치 ON 상태

프로그램을 4.3에서 설명한 방법으로 ESP8266에 올리고 웹페이지 http://192.168.1.21 열면 그림 5.1.1과 같이 처음 스위치가 꺼진 상태의 포트 상태값 OFF를 볼 수 있고 스위치를 한번 누르면 LED가 켜지고 [그림 5.1.2]와 같이 스위치가 켜진 포트 상태값 ON을 볼 수 있다.

5.2 토글스위치와 상태 표시

5.1절 예제에서 스위치 상태는 표시했지만, 상태에 따라 스위치 색을 바꾸는 등 보기 좋고 직관적인 표현은 html 문서만으로는 표현하는 데 한계가 있다. 이번에는 자바스크립트와 CSS를 이용해서 토글 스위치를 만들어 보자.

보드는 앞 절에서와 마찬가지로 ESP8266 NodeMCU를 사용하고 회로는 [그림 2.4.2]와 같은 핀 번호 확인용 회로를 사용한다.

토글 스위치는 [그림 4.5.1]과 같은 형태로 만들고 스위치를 켜면 스위치 바탕색을 GPIO 5번에는 빨간색 LED가 연결되어 있어서 빨간색이 되도록 했다.

스위치 박스는 4.4절에서 사용한 card-grid, card class를 그대로 사용하고 안에 스위치만 바꾸어 넣었다.

[그림 5.2.1] 슬라이드 스위치와 상태 표시

index.html 파일에 체크박스를 사용하는데 체크박스는 빈 모양으로 두고 체크박스를 눌렀을 때 발생하는 이벤트를 사용하는 목적이다. 실제 스위치 모양은 span 태그를 이용해서 만든다. span 태그 모양을 토글 스위치 모양으로 CSS 파일에서 slider5 class로 정의해서 토글스위치를 만든다.

```
<label class="switch">
<input type="checkbox" onchange="toggleCheckbox(this)" id="5" />
<span class="slider5"></span>
</label>
```

CSS 파일에서 switch class 정의는 다음과 같다.

```
.switch {
    position: relative;
    display: inline-block;
    width: 120px;
    height: 68px
}
.switch input {
display: none
}
```

실제 스위치 모양으로 만드는 slider5 class에 대한 정의는 다음과 같다. CSS에서 스위치가 눌리기 전과 후의 모양을 따로 정의하면 스위치 상태에 따라 다른 모양 또는 색으로 바꿀 수 있다. 여기에서는 스위치 위치와 바탕색만을 바꾸었다.

```
.slider5 {
    position: absolute;
    top: 0; left: 0; right: 0; bottom: 0;
    background-color: #ccc;
    border-radius: 50px
```

```
}
.slider5:before {
    position: absolute;
    content: "";
    height: 52px;
    width: 52px;
    left: 8px;
    bottom: 8px;
    background-color: #fff;
    -webkit-transition: .4s;
    transition: .4s;
    border-radius: 50px;
}
input:checked+.slider5 {
    background-color: #b30000;
}
input:checked+.slider5:before {
    -webkit-transform: translateX(52px);
    -ms-transform: translateX(52px);
    transform: translateX(52px);
}
```

slide5 class에 스위치 겉모양을 만들고 바탕색은 #ccc 회색으로 했다. 동그란 스위치 모양은 slide5:before에 정하고 -webkit-transition:을 이용해서 움직이는데 이동 시간을 0.4초로 정했다.

스위치가 눌렸을 때를 input:checked+.slider5dp 정의하고 바탕색만 빨간색으로 바꾼다. input:checked+.slider5:before에 스위치가 눌렸을 때 동그란 스위치 모양을 이동하는 거리를 정해 놓았다.

이렇게 해서 스위치를 누르면 모양이 바뀌도록 CSS를 이용해서 만들 수 있다.

index.html에 input 태그 안에 있는 onchange="toggleCheckbox(this)" 명령은 스위치가 눌렸을 때 발생하는 체크박스 이벤트를 자바스크립트 함수 toggleCheckbox()로 연결해 준다.

스위치가 눌렸을 때 처리하는 자바스크립트 함수 toggleCheckbox()는 다음과 같다.

```
function toggleCheckbox (element) {
  var xhr = new XMLHttpRequest();
  if (element.checked) {
      xhr.open("GET", "/update?output="+element.id+"&state=1", true);
      document.getElementById(element.id+"s").innerHTML = "ON";
  }
  else {
      xhr.open("GET", "/update?output="+element.id+"&state=0", true);
      document.getElementById(element.id+"s").innerHTML = "OFF";
  }
  xhr.send();
}
```

자바스크립트는 클라이언트 측에서 실행되므로 toggleCheckbox() 함수는 스위치 상태를 서버로 전송하기 위해서 http GET 명령을 사용해서 포트 번호와 상태(On/Off)를 서버 측에 보내는 기능을 하는 함수다.

클라이언트에서 자바스크립트 함수로 스위치가 켜있으면 /update 명령을 통해서 다음과 같이 실행한다.

```
/update?output=5&state=1    (포트번호 5, 스위치 상태 1)
```

포트 번호와 스위치 상태 1을 보내고 웹페이지 스위치는 켜진 상태로 바꾸고 상태 값은 ON으로 넣는다. 만일 스위치가 꺼진 상태면 /update 명령으로 다음과 같다.

```
/update?output=5&state=0    (포트번호 5, 스위치 상태 0)
```

포트 번호와 스위치 상태 0을 보내고 웹페이지 스위치는 꺼진 상태로 바꾸고 상태 값은 OFF를 넣는다.

클라이언트 자바스크립트로 서버에 http GET을통해서 /update 명령을 보낼 때 서버 코어 프로그램에서 명령을 처리하는 부분은 다음과 같다.

```
server.on("/update", HTTP_GET, [](AsyncWebServerRequest *request)
          {
  String output;
  String state;
  if (request->hasParam("output") && request->hasParam("state")) {
    output = request->getParam("output")->value();
    state = request->getParam("state")->value();
    digitalWrite(output.toInt(), state.toInt());
  }
  else {
    output = "";
    state = "";
  }
  request->send(200, "text/plain", "OK"); });
```

서버에서 클라이언트가 요청한 명령에 파라미터가 있는지 확인하고 파라미터가 없으면 명령을 잘못 보낸 것으로 무시한다.

파라미터에서 output=에 오는 값이 포트 번호이고 state=에 오는 값이 스위치 상태 값이다. 따라서 output=request->getParam("output")->value(); 명령으로 output 변수에 받은 포트 번호를 넣고, state=request->getParam("state")->value(); 명령으로 state 변수에 스위치 상태 값을 넣는다.

다음에 있는 digitalWrite(output.toInt(), state.toInt()); 명령어는 output과 state 변수가 String이므로 이 값을 정수로 변환해서 digitalWrite 함수에 넣어 포트를 켠다.

처리가 끝나면 request->send(200, "text/plain", "OK"); 명령어로 이상 없이 처리되었다는 http 코드 200번과 OK를 보낸다.

main.cpp 전체 코어 프로그램은 다음과 같다.

```
#include <ESPAsyncTCP.h>
#include <ESPAsyncWebServer.h>
#include <LittleFS.h>
#include <Arduino_JSON.h>

const char* ssid      = "라우터의 SSID";
const char* password = "라우터 패스워드";
IPAddress ip(192, 168, 1, 21);
IPAddress gateway(192, 168, 1, 1);
IPAddress subnet(255, 255, 255, 0);
IPAddress dns(192, 168, 1, 1);
```

```
AsyncWebServer server(80);

#define NUM_OUTPUTS 2
int outputGPIOs[NUM_OUTPUTS] = {5, 4};

void initFS()
{
  if (!LittleFS.begin())
  {
    Serial.println("An error has occurred while mounting LittleFS");
  }
  Serial.println("LittleFS mounted successfully");
}
void initWiFi()
{
  WiFi.mode(WIFI_STA);
  WiFi.begin(ssid, password);
  if (!WiFi.config(ip, gateway, subnet, dns))
  {
    Serial.println("Static IP Configuration Failed");
  }
  Serial.print("Connecting to WiFi ..");
  while (WiFi.status() != WL_CONNECTED)
  {
    Serial.print('.');
    delay(1000);
  }
  Serial.println(WiFi.localIP());
}
```

```
String swstate()
{
  JSONVar myArray;
  for (int i = 0; i < NUM_OUTPUTS; i++)
  {
    myArray["gpios"][i]["output"] = String(outputGPIOs[i]);
    myArray["gpios"][i]["state"] = String(digitalRead(outputGPIOs[i]));
  }
  String jsonString = JSON.stringify(myArray);
  Serial.print(jsonString);
  return jsonString;
}

void setup()
{
  Serial.begin(115200);
  initWiFi();
  initFS();
  for (int i = 0; i < NUM_OUTPUTS; i++)
  {
    pinMode(outputGPIOs[i], OUTPUT);
  }

  server.serveStatic("/", LittleFS, "/");

  server.on("/", HTTP_GET, [](AsyncWebServerRequest *request)
          { request->send(LittleFS, "/index.html", "text/html", false); });
```

```
  server.on("/states", HTTP_GET, [](AsyncWebServerRequest *request)
            { String json = swstate();
              request->send(200, "application/json", json);
              json = String(); });

  server.on("/update", HTTP_GET, [](AsyncWebServerRequest *request)
            {
    String output;
    String state;
    if (request->hasParam("output") && request->hasParam("state")) {
      output = request->getParam("output")->value();
      state = request->getParam("state")->value();
      digitalWrite(output.toInt(), state.toInt());
    }
    else {
      output = "";
      state = "";
    }
    request->send(200, "text/plain", "OK"); });

  server.begin();
}
void loop()
{
}
```

전제 index.html 코드는 다음과 같다.

```
<!DOCTYPE html>
<html>
  <head>
    <title>ESP8266 Web Switch</title>
    <meta name="viewport" content="width=device-width, initial-scale=1" />
    <link rel="stylesheet" type="text/css" href="style.css" />
  </head>
  <body>
    <div class="hd">
      <h1>ESP8266 Web Switch</h1>
    </div>
    <div class="content">
      <div class="card-grid">
        <div class="card">
          <p class="card-title">GPIO 5</p>
          <label class="switch">
            <input type="checkbox" onchange="toggleCheckbox(this)" id="5" />
            <span class="slider5"></span>
          </label>
          <p class="state">State: <span id="5s"></span></p>
        </div>
        <div class="card">
          <p class="card-title">GPIO 4</p>
          <label class="switch">
            <input type="checkbox" onchange="toggleCheckbox(this)" id="4" />
            <span class="slider4"></span>
```

```
            </label>
              <span class="slider4"></span>
            </label>
            <p class="state">State: <span id="4s"></span></p>
          </div>
        </div>
      </div>
      <script src="script.js"></script>
    </body>
  </html>
```

index.html이 로드될 때 불러오는 자바스크립트 프로그램 script.js 전체 내용은 다음과 같다.

```
function toggleCheckbox (element) {
    var xhr = new XMLHttpRequest();
    if (element.checked) {
        xhr.open("GET", "/update?output="+element.id+"&state=1", true);
        document.getElementById(element.id+"s").innerHTML = "ON";
    }
    else {
        xhr.open("GET", "/update?output="+element.id+"&state=0", true);
         document.getElementById(element.id+"s").innerHTML = "OFF";
    }
    xhr.send();
}
```

index.html 스타일을 정의하는 style.css 전체 내용은 다음과 같다.

```
html {
font-family: Arial, Helvetica, sans-serif;
text-align: center;
}
h1 {
font-size: 1.8rem;
color: white;
}
.hd {
overflow: hidden;
background-color: #0A1128;
}
body {
margin: 0;
}
.content {
padding: 50px;
}
.card-grid {
max-width: 800px;
margin: 0 auto;
display: grid;
grid-gap: 2rem;
grid-template-columns: repeat(auto-fit, minmax(200px, 1fr));
}
.card {
background-color: white;
```

```
box-shadow: 2px 2px 12px 1px rgba(140,140,140,.5);
}
.card-title {
font-size: 1.2rem;
font-weight: bold;
color: #034078
}
.state {
font-size: 1.2rem;
color: #1282A2;
}
.switch {
    position: relative;
    display: inline-block;
    width: 120px;
    height: 68px
}
.switch input {
display: none
}
.slider5 {
    position: absolute;
    top: 0; left: 0; right: 0; bottom: 0;
    background-color: #ccc;
    border-radius: 50px
}
.slider5:before {
    position: absolute;
    content: "";
```

```
    height: 52px;
    width: 52px;
    left: 8px;
    bottom: 8px;
    background-color: #fff;
    -webkit-transition: .4s;
    transition: .4s;
    border-radius: 50px;
}
input:checked+.slider5 {
    background-color: #b30000;
}
input:checked+.slider5:before {
    -webkit-transform: translateX(52px);
    -ms-transform: translateX(52px);
    transform: translateX(52px);
}

.slider4 {
    position: absolute;
    top: 0; left: 0; right: 0; bottom: 0;
    background-color: #ccc;
    border-radius: 50px
}
.slider4:before {
    position: absolute;
    content: "";
    height: 52px;
    width: 52px;
```

```
        left: 8px;
        bottom: 8px;
        background-color: #fff;
        -webkit-transition: .4s;
        transition: .4s;
        border-radius: 50px;
    }
    input:checked+.slider4 {
        background-color: #0000b3;
    }
    input:checked+.slider4:before {
        -webkit-transform: translateX(52px);
        -ms-transform: translateX(52px);
        transform: translateX(52px);
    }
```

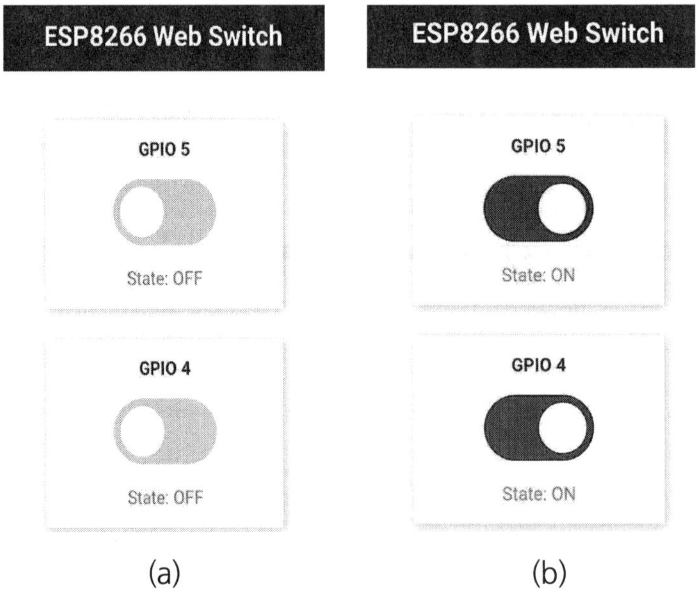

[그림 5.2.2] 실행 화면 (a), 스위치 ON 화면 (b)

4장 3절에서 설명한 [그림 4.3.10]에서 [그림 4.3.16]까지 방법대로 프로그램을 올리고 휴대전화에서 웹브라우저를 이용해서 http://192.168.1.21/을 호출하면 [그림 5.2.2] (a)와 같은 창을 볼 수 있다.

[그림 5.2.2] (b)와 같이 스위치를 누르면 스위치가 켜진 상태로 표시되고 [그림 5.2.3]과 같이 연결된 회로 빨간색과 파란색 LED가 켜진 것을 볼 수 있다.

[그림 5.2.3] LED 동작 확인

5.3 AM2320 온도 습도 센서

ESP8266을 이용해서 전열기를 제어할 때 제어할 곳의 온도와 습도를 알 수 있다면 이것은 제어하는데 매우 유용한 정보가 된다. 이때 사용할 온도 습도 센서가 AM2320이다.

AM2320은 온도와 습도 센서를 내장한 마이크로 컨트롤러로 I2C 인터페이스를 통해서 온도와 습도 정보를 제공한다. AM2320 외형과 핀 배치는 [그림 5.3.1]에 있다.

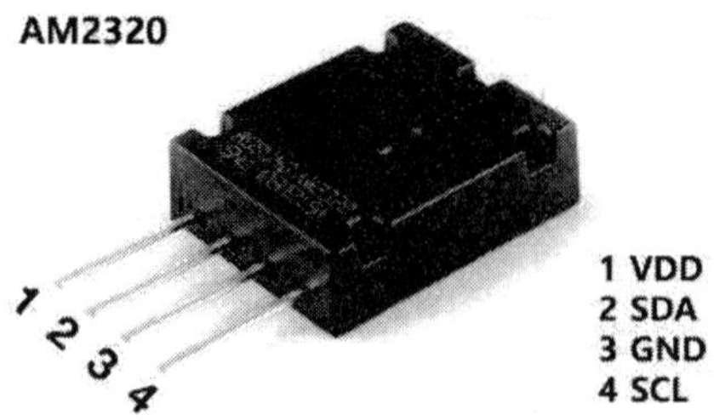

[그림 5.3.1] AM2320 핀 배치

〈표 5.3.1〉 AM2320 상대습도 측정

Parameter	Condition	Min	Typ	Max	Unit
Resolution			0.1		%RH
Range		0		99.9	%RH
Accuracy	25℃		±3		%RH
Repeatability			±0.1		%RH
Interchangeability		Completely Interchangeable			
Response Time	1/e(63%)		＜5		S
Sluggish			±0.3		%RH
Drift	Typical Values		＜0.5		%RH / yr

<표 5.3.1>에 AM2320는 상대습도를 0%에서 99.9%까지 측정할 수 있고 오차는 25℃에서 ±3% 정도가 되는 것을 볼 수 있다.

<표 5.3.2>에는 AM2320의 온도 측정에 대한 스펙이 있다. 이 표에서 보듯이 AM2320의 온도 측정 범위는 -40℃에서 80℃까지이고 오차율은 ±5%이다.

<표 5.3.2> AM2320 온도 측정

Parameter	Condition	Min	Typ	Max	Unit
Resolution			0.1		℃
			16		Bit
Accuracy			±0.5		℃
Range		-40		80	℃
Repeatability			±0.2		℃

<표 5.3.3> AM2320의 전기적 특성

Parameter	Condition	Min	Typ	Max	Unit
Supply Voltage		3.1	5	5.5	V
Power Consumption	Dormancy	8	10		μA
	Measure		950		μA
	Average		350		μA
Low-level Output Voltage	*Icc*[5]	0		300	MV
High-level Output Voltage	$Rp < 25k\Omega$	90%		100%	VDD
Low-level Input Voltage		0		30%	VDD
High-level Input Voltage		90%		100%	VDD
Rpu[6]	VDD=5V VIN=VSS	30	45	60	$k\Omega$
Output Current			8		MA
		10	20		μA
Sampling Period		2.0			s

<표 5.3.3>에는 AM2320의 전기적 특성을 나타냈다. 사용전압은 3.1V에서 5.5V까지 사용할 수 있다. 우리는 ESP8266에 연결해야 하고 ESP8266이 3.3V를 사용하므로 AM2320도 3.3V를 사용한다.

소비전력은 측정할 때 950μA를 사용하고 측정과 대기시간 등 평균을 내면 350μA가 되어 전압을 3.3V로 계산해 보면 측정할 때 약 3.1mW, 평균적으로는 1.2mW가 된다. 또한 측정 주기는 2초로 이보다 더 짧은 간격으로 데이터를 읽는 것은 의미가 없다.

<표 5.3.4>에는 AM2320의 핀 배치를 나타냈다. 1번 핀은 +3.3V 전원에 연결하고 3번 핀은 GND 즉 - 에 연결한다. 2번과 4번 핀은 I2C 통신을 위한 핀으로 2번 핀은 데이터 신호선이고 4번 데이터 신호 동기를 맞추기 위한 클록 신호선이다.

<표 5.3.4> AM2320 핀

Pin	Name	Description
1	VDD	Power Supply(3.1~5.5V)
2	SDA	Serial Data, Bidirectional Port
3	GND	Ground
4	SCL	Serial Clock Input Port(Single Bus Ground)

5.3.1 AM2320 연결 회로도

ESP8266과 AM2320의 연결은 [그림 5.3.2]에 있다. AM2320의 전원은 ESP8266에 연결한 3.3V 전원을 같이 연결해서 사용하면 된다. ESP8266과 데이터 선 연결은 AM2320의 2번(SDA) 핀은 ESP8266에서 SDA인 GPIO 4번과 연결하고, AM2320의 4번(SLC) 핀은 ESP8266에서 SCL 선인 GPIO 5번과 연결한다.

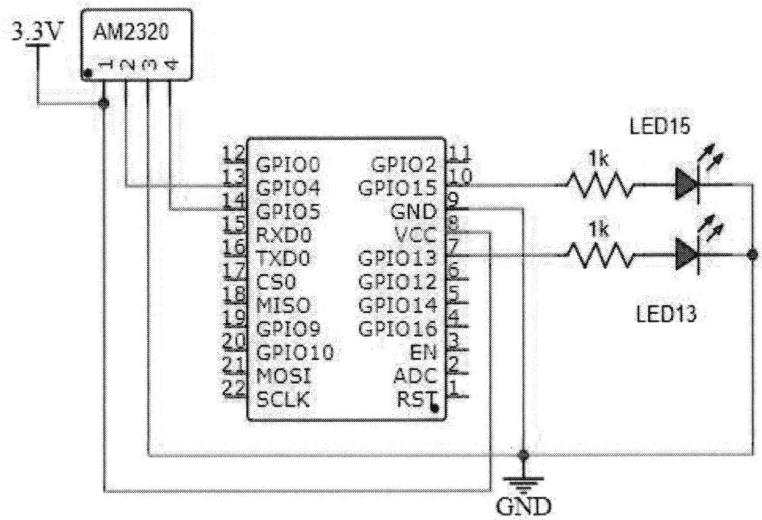

[그림 5.3.2] ESP8266과 AM2320연결 회로

AM2320은 I2C 통신을 이용해서 SDA와 SCL을 사용한다. ESP8266은 GPIO 4번과 SDA를 같은 선을 사용하고 GPIO 5번과 SCL을 같은 선을 사용해서 I2C 통신을 사용하면 GPIO 5번과 4번 포트는 사용하지 못한다. 따라서 앞 예제에서 사용한 LED 연결 포트를 [그림 5.3.2]와 같이 GPIO 15번과 GPIO 13번으로 바꾼다.

5.3.2 AM2320에서 데이터 읽기

AM2320 센서를 사용하기 위해서 library를 설치해야 한다. 4.3절에서 설명한 대로 [그림 4.3.3]에서 [그림 4.3.5]와 같은 절차대로 library를 설치하면 된다.

library 찾기 창에 AM2320으로 찾으면 여러 종류의 library가 목록에 나타나는데 이들 중에서 Adafruit AM2320 sensor library by Adafruit를 사용하면 된다. 그러나 Adafruit AM2320 sensor library를 사용하기 위해서 통신을 위한 SPI library도 필요하다. SPI library는 기본적으로 설치되어 있어서 따로 설치할 필요는 없고 #include <SPI.h>를 프로그램에 넣어주면 된다.

AM2320을 사용하기 위해서 다음과 같이 AM2320을 정의하고 setup()에서 AM2320.begin() 명령을 써주면 사용할 수 있다.

```
Adafruit_AM2320 AM2320 = Adafruit_AM2320();
```

- 온도 : AM2320.readTemperature() 명령으로 읽는다.
- 습도 : AM2320.readHumidity()); 명령으로 읽는다.

서버가 클라이언트에 온도, 습도 포트 상태 등 몇 개의 데이터를 전송할 필요가 있다. 통신에서는 데이터를 따로따로 전송하는 것보다는 문자열로 묶어서 한 번에 보내는 방법이 장점이 많아 이 방법을 사용한다.

데이터를 묶어서 보내는 것도 형식이 있는데 가장 많이 사용하는 방법이 XML 또는 JSON 형식을 사용한다. 이 경우는 파라미터 이름과 그 이름에 해당하는 데이터를 보내므로 JSON 형식을 사용하자.

JSON 형식은 다음과 같이 파라미터 이름과 값을 한 쌍으로 묶어서 보낸다.

```
{ “name1”:“name1-value”, “name2”:“name2-value”, ..... }
```

데이터 형식을 JSON 형식의 문자열로 변환하고 다시 JSON 형식 문자열을 데이터 형태로 바꾸어 주는 library가 모든 프로그램에 있어서 사용이 편리하다.

JSON library를 설치하기 위해 같은 방법으로 library 검색창에 JSON을 검색하고 그중에서 Arduino_JSON by Arduino를 선택해서 설치하면 된다.

온도, 습도, 포트 상태를 JSON 문자열로 만들기 위해서 먼저 JSONVar를 지정한다.

```
JSONVar myData;
```

센서 데이터를 JSON 변수에 다음과 같이 넣는다.

```
myData["temperature"] = String(AM2320.readTemperature());
myData["humidity"] = String(AM2320.readHumidity());
myData["swstate"] = String(swState);
```

그리고 JSON.stringify 명령을 이용해서 JSON 문자열로 바꾼다.

```
myData["temperature"] = String(AM2320.readTemperature());
myData["humidity"] = String(AM2320.readHumidity());
myData["swstate"] = String(swState);
String jsonString = JSON.stringify(myData);
```

이것을 함수로 만들면 다음과 같다.

```
String getSensorData()
{
    myData["temperature"] = String(AM2320.readTemperature());
    myData["humidity"] = String(AM2320.readHumidity());
    myData["swstate"] = String(swState);
    String jsonString = JSON.stringify(myData);
    return jsonString;
}
```

myData["swstate"] = String(swState); 는 스위치 상태를 나타내는 값으로 포트 상태를 읽어서 포트가 1이면 OFF 0이면 ON을 넣는 swState() 함수와 연결했고 그 함수는 다음과 같다.

여기서 포트 상태가 1이면 켜진 상태인데 OFF를 넣고 0이면 꺼진 상태인데 반대로 ON을 넣었다. 그 이유는 스위치 위에 넣는 표시로 포트 상태가 1이면 현재 켜진 상태로 스위치를 누르면 OFF가 된다는 의미로 상태가 1일 때 OFF로 표시했다. 꺼진 상태 0도 마찬가지로 상태 값을 ON으로 누르면 ON 된다는 의미이다.

```
String swState()
{
  if (digitalRead(swPin))
  {
    swValue = "OFF";
  }
  else
  {
    swValue = "ON";
  }
  return swValue;
}
```

5.4 서버 동작상태를 확인하기 위한 LED 표시

ESP8266이 제대로 동작하는지를 GPIO 2번 포트로 연결된 ESP 8266 보드 위에 파란색 LED로 표시하자. 표시 방법은 보드 상태에 따라 점멸하는 횟수로 나타낸다.

다음과 같이 led 변수를 GPIO 2번 포트로 할당하고 winkLED 함수를 만들자.

```
const int led = 2;
void winkLED(int n, int t1, int t2)
{
  for (int i = 0; i < n; i++)
  {
    digitalWrite(led, HIGH);
    delay(t1);
    digitalWrite(led, LOW);
    delay(t2);
  }
}
```

첫 번째 변수 n은 점멸 횟수를 정하는 것이고 두 번째 변수 t1은 LED가 켜진 후 꺼질 때까지 시간으로 ms 단위로 넣고 세 번째 변수 t2는 LED가 꺼진 후 다시 켜질 때까지 시간으로 ms 단위로 넣는다.

WIFI 연결 상태를 LED로 나타내도록 다음과 같이 WIFI 초기화 함수를 만들자.

```
void initWiFi()
{
  WiFi.mode(WIFI_STA);
  WiFi.begin(ssid, password);
  if (!WiFi.config(ip, gateway, subnet, dns))
  {
    Serial.println("Static IP Configuration Failed");
    Serial.print("Connecting to WiFi ..");
    while (WiFi.status() != WL_CONNECTED)
    {
      Serial.print('.');
      delay(1000);
    }
    winkLED(5, 100, 200);
  }
  else
  {
    Serial.println("Static IP Configuration Success");
    winkLED(3, 200, 200);
  }
  Serial.println(WiFi.localIP());
}
```

만일 Static IP로 연결되면 LED가 0.2초 간격으로 3번 깜빡거리고 Static IP로 연결에 실패하고 DHCP로 IP가 할당되면 LED가 다섯 번 깜빡이는데 0.1초는 꺼지고 0.2초는 켜진 상태로 깜빡거린다.

또한 온도와 습도 그리고 포트 상태를 서버에서 읽어 올 때도 LED가 한번 깜빡이도록 한다.

5.5 이벤트 핸들링

클라이언트 측에서 데이터를 요청하지 않더라도 서버 측에서 일정 시간 간격으로 또는 측정한 데이터가 변했을 때 클라이언트 측에 데이터를 보내어 클라이언트 시스템에 자동 업데이트하는 것이 필요하다.

이 경우 Server-Sent Event (SSE) 기능을 사용하면 되고 ESP 웹서버도 이 기능이 있다.

일반적인 HTTP 통신은 클라이언트에서 HTTP request(요청)가 있어야 서버에서 그 요청에 맞는 처리를 수행한다. 이벤트 기능은 이러한 요청이 없어도 서버 측에서 이벤트가 발생하면 이벤트 발생으로 생성된 데이터를 클라이언트에 보내고, 클라이언트는 사전에 정의된 이벤트 처리 방법대로 이벤트를 처리한다.

이벤트 처리 작업을 위해서는 서버 측은 코어 프로그램에서 이벤트를 정의하고 이벤트 발생 조건을 설정하고 이벤트가 발생했을 때 처리 방법을 정한다.

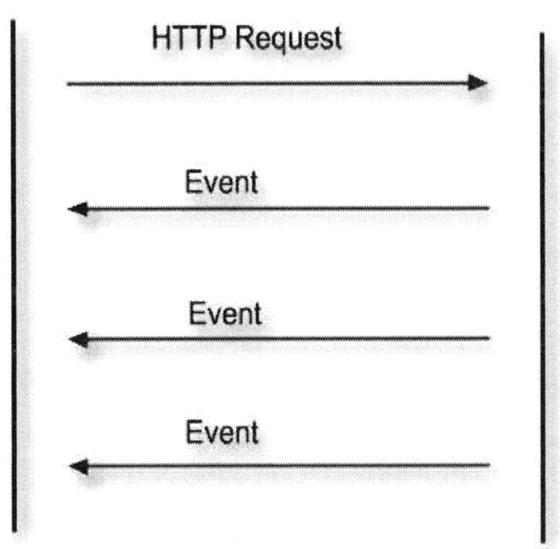

[그림 5.5.1] HTTP Request와 Event

클라이언트 측에서는 서버 측에서 이벤트 발생으로 보낸 데이터를 받아서 처리하는 함수를 자바스크립트로 만들어서 처리하면 된다.

서버 측에 다음과 같이 이벤트를 정의한다.

```
AsyncEventSource events("/events");
```

HTTP 프로토콜은 항상 연결을 유지하는 것이 아니기 때문에 이벤트가 발생하면 클라이언트 연결 상태를 확인하고, 만일 연결이 끊어진 상태라면 다시 연결해서 데이터를 보낼 수 있는 상태로 만들어야 한다. 이 부분은 event.onConnect 명령을 이용해서 다음과 같이 만든다.

```
events.onConnect([](AsyncEventSourceClient *client) {
    if(client->lastId()) {
    Serial.printf("Client reconnected! Last message ID that it got is: %u₩n",
client->lastId());
    }
    client->send("hello!",NULL,millis(),1000); });
```

마지막으로 서버에 이벤트 핸들러를 다음과 같이 추가하면 이벤트 처리를 위한 준비는 끝난다.

```
server.addHandler(&events);
```

이벤트 발생 시 서버 측에서 데이터를 전송하는 이벤트 명령은 다음과 같다.

```
events.send(전송문자열, "이벤트 이름", millis());
```

이 경우에 이벤트 발생 조건은 측정한 온도 또는 습도가 이전에 측정한 값과 다르면 이벤트를 발생시키고 이벤트 처리는 클라이언트 측에 데이터를 전송하는 것이다.

온도와 습도 측정 간격은 〈표 5.5.3〉을 보면 AM2320의 샘플링 주기가 2초이므로 5초 간격으로 데이터를 요청한다.

이 부분은 loop() 안에 넣어 반복적으로 데이터를 읽고 온도나 습도 하나만이라도 먼저 읽은 데이터와 차이가 나면 이벤트를 발생시키도록 했고, 이벤트 처리는 온도와 습도, 스위치 상태 데이터를 클라이언트에 전송하는 것이다. 이 부분 프로그램은 다음과 같다.

```
unsigned long lastReading = 0;
unsigned long readingInterval = 5000;
float sTemperature = 0.0;
float sHumidity = 0.0;
float mTemperature, mHumidity;

if ((millis() - lastReading) > readingInterval)
  {
    mTemperature = AM2320.readTemperature();
    mHumidity = AM2320.readHumidity();
    if ((mTemperature != sTemperature) || (mHumidity != sHumidity))
    {
      String json = getSensorData();
      events.send(json.c_str(), "new_Data", millis());
      sTemperature = mTemperature;
      sHumidity = mHumidity;
      Serial.println("Event....");
    }

    lastReading = millis();
  }
```

서버와 클라이언트가 이벤트로 연결되고 이 연결을 통해서 보낸 데이터를 클라이언트가 받아서 처리하는 부분은 클라이언트에 index.html과 함께 올라가는 자바스크립트로 만든다.

```
if (!!window.EventSource) {
  var source = new EventSource('/events');

  source.addEventListener('open', function(e) {
    console.log("Events Connected");}, false);

  source.addEventListener('error', function(e) {
    if (e.target.readyState != EventSource.OPEN) {
          console.log("Events Disconnected");
          }
    }, false);

  source.addEventListener('new_Data', function(e) {
    console.log("new_Data", e.data);
    var myObj = JSON.parse(e.data);
    document.getElementById("temp").innerHTML =
          myObj.temperature;
      document.getElementById("humi").innerHTML = myObj.humidity;
      document.getElementById("state").innerHTML = myObj.swstate;
    }, false);
}
```

open은 서버와 연결하는 부분이고 error는 에러 처리 부분, 그리고 마지막에 new_Data가 JSON 형태로 온도, 습도, 스위치 상태를 서버에서 받아서 웹페이지에 표시하는 부분이다.

서버 측에서 event.send 명령에 이벤트 이름인 new_Data와 클라이언트 측 source.addEventListener('new_Data', function(e) 부분에 new_Data가 같아야 한다.

코어 프로그램 전체는 다음과 같다.

```
#include <ESPAsyncTCP.h>
#include <ESPAsyncWebServer.h>
#include <LittleFS.h>
#include <Adafruit_AM2320.h>
#include <SPI.h>
#include <Arduino_JSON.h>

const char* ssid       = "라우터의 SSID";
const char* password = "라우터 패스워드";
IPAddress ip(192, 168, 1, 21);
IPAddress gateway(192, 168, 1, 1);
IPAddress subnet(255, 255, 255, 0);
IPAddress dns(192, 168, 1, 1);

AsyncWebServer server(80);

AsyncEventSource events("/events");

const int swPin = 15;
const int led = 2;
unsigned long lastReading = 0;
unsigned long readingInterval = 5000;
float sTemperature = 0.0;
```

```
float sHumidity = 0;
float mTemperature, mHumidity;
int eventKey = 0;
String swValue, json;
JSONVar myData;

Adafruit_AM2320 AM2320 = Adafruit_AM2320();

void initFS()
{
  if (!LittleFS.begin())
  {
    Serial.println("An error has occurred while mounting LittleFS");
  }
  Serial.println("LittleFS mounted successfully");
}
void initWiFi()
{
  WiFi.mode(WIFI_STA);
  WiFi.begin(ssid, password);
  if (!WiFi.config(ip, gateway, subnet, dns))
  {
    Serial.println("Static IP Configuration Failed");
    Serial.print("Connecting to WiFi ..");
    while (WiFi.status() != WL_CONNECTED)
    {
      Serial.print('.');
      delay(1000);
    }
```

```
  }
  else
  {
    Serial.println("Static IP Configuration Success");
  }
  Serial.println(WiFi.localIP());
}
void initAM2320()
{
  AM2320.begin();
  Serial.println("AM2320");
}
void winkLED(int n, int t1, int t2)
{
  for (int i = 0; i < n; i++)
  {
    digitalWrite(led, LOW);
    delay(t1);
    digitalWrite(led, HIGH);
    delay(t2);
  }
}
String swState()
{
  if (digitalRead(swPin))
  {
    swValue = "OFF";
  }
  else
```

```
    {
      swValue = "ON";
    }
    return swValue;
  }
  String getSensorData()
  {
    myData["temperature"] = String(AM2320.readTemperature());
    myData["humidity"] = String(AM2320.readHumidity());
    myData["swstate"] = String(swState());
    String jsonString = JSON.stringify(myData);
    return jsonString;
  }

  void setup()
  {
    Serial.begin(115200);
    pinMode(led, OUTPUT);
    pinMode(swPin, OUTPUT);
    initAM2320();
    initWiFi();
    initFS();

    server.on("/", HTTP_GET, [](AsyncWebServerRequest *request)
              { request->send(LittleFS, "/index.html", "text/html"); });

    server.serveStatic("/", LittleFS, "/");

    server.on("/readData", HTTP_GET, [](AsyncWebServerRequest *request)
```

```
            {
              // digitalWrite(led, LOW);
              json = getSensorData();
              request->send(200, "application/json", json);
              Serial.println(json);
              json = String();
              // delay(20);
              // digitalWrite(led, HIGH);
            });

  server.on("/onoff", HTTP_GET, [](AsyncWebServerRequest *request)
            {
    if (digitalRead(swPin))
        {
          digitalWrite(swPin, LOW);
        }
        else
        {
          digitalWrite(swPin, HIGH);
        }
        json = getSensorData();
    request->send(200, "application/json", json);
    json = String(); });

  events.onConnect([](AsyncEventSourceClient *client)
                   {
    if(client->lastId()){
      Serial.printf("Client reconnected! Last message ID that it gat is:
%u₩n", client->lastId());
```

```
    }
    client->send("hello!",NULL,millis(),1000); });

  server.addHandler(&events);
  sHumidity = 0.0;
  server.begin();
  winkLED(3, 200, 200);
}
void loop()
{
  if ((millis() - lastReading) > readingInterval)
  {
    mTemperature = AM2320.readTemperature();
    mHumidity = AM2320.readHumidity();
    if ((mTemperature != sTemperature) || (mHumidity !=
sHumidity))
    {
      json = getSensorData();
      events.send(json.c_str(), "new_Data", millis());
      sTemperature = mTemperature;
      sHumidity = mHumidity;
      winkLED(2, 100, 100);
    }

    lastReading = millis();
  }
}
```

스위치에 꺼졌을 때 TURN ON으로 켜졌을 때 TURN OFF로 스위치 상태를 표시하도록 해서 꺼진 것은 ON, 켜진 것을 OFF로 표시했다.

이벤트가 발생하면 클라이언트로 데이터를 보내고 0.05초 간격으로 한 번 LED를 깜빡이게 해서 상태를 알 수 있게 했다.

웹페이지 index.html은 다음과 같다.

```
<!DOCTYPE html>
<html>
  <head>
    <title>ESP IOT DASHBOARD</title>
    <meta name="viewport" content="width=device-width, initial-scale=1" />
    <link rel="stylesheet" type="text/css" href="style.css" />
    <script src="script.js"></script>
  </head>
  <body>
    <div class="topnav">
      <h1>ESP WEB SERVER</h1>
    </div>
    <div class="content">
      <div class="card-grid">
        <div class="card">
          <p class="card-title">Temperature</p>
          <p class="data"><span id="temp"></span> &deg;C</p>
        </div>
        <div class="card">
          <p class="card-title">Humidity</p>
          <p class="data"><span id="humi"></span> &percnt;</p>
```

```
            </div>
            <div class="card">
              <p class="card-title">Web Switch</p>
              <p>
                <button               class="button-on"               id="submit"
onclick="SWclick()">
                  Turn <span id="state"></span>
                </button>
              </p>
            </div>
          </div>
        </div>
      </body>
    </html>
```

자바스크립트 파일 script.js는 다음과 같다.

```
window.addEventListener('load', getData);

if (!!window.EventSource) {
      var source = new EventSource('/events');

      source.addEventListener('open', function(e) {
              console.log("Events Connected");
      }, false);

      source.addEventListener('error', function(e) {
```

```
            if (e.target.readyState != EventSource.OPEN) {
                    console.log("Events Disconnected");
            }
        }, false);

        source.addEventListener('new_Data', function(e) {
            console.log("new_Data", e.data);
            var myObj = JSON.parse(e.data);
            document.getElementById("temp").innerHTML = myObj.temperature;
          document.getElementById("humi").innerHTML = myObj.humidity;
          document.getElementById("state").innerHTML = myObj.swstate;
        }, false);
}
function getData() {
      var xhr = new XMLHttpRequest();
      xhr.onreadystatechange = function() {
      if (this.readyState == 4 && this.status == 200) {
          var myObj = JSON.parse(this.responseText);
          console.log(myObj);
          document.getElementById("temp").innerHTML = myObj.temperature;
          document.getElementById("humi").innerHTML = myObj.humidity;
          document.getElementById("state").innerHTML = myObj.swstate;
      }
    };
    xhr.open("GET", "/readData", true);
    xhr.send();
}
function SWclick() {
        var xhr = new XMLHttpRequest();
```

```
        xhr.onreadystatechange = function() {
                if (this.readyState == 4 && this.status == 200) {
                        var myObj = JSON.parse(this.responseText);
                        console.log(myObj);
                document.getElementById("temp").innerHTML = myObj.temperature;
                document.getElementById("humi").innerHTML = myObj.humidity;
                        document.getElementById("state").innerHTML = myObj.swstate;
                }
        };
        xhr.open("GET", "/onoff", true);
        xhr.send();
}
```

처음 클라이언트가 ESP8266에 연결하면 온도나 습도 등 데이터가 없어서 아무것도 표시되지 않고 5초 또는 온도나 습도가 변할 때까지 기다려야 한다.

따라서 클라이언트에서 접속하면 올라오는 자바스크립트 파일 script.js 처음에 window.addEventListener('load', getData); 명령으로 getData()가 실행되어 바로 서버에서 데이터를 받아서 표시하도록 했다.

style.css 파일도 다음과 같다.

```
html {
font-family: Arial, Helvetica, sans-serif;
text-align: center;
}
h1 {
font-size: 1.8rem;
color: white;
```

```
}
.topnav {
overflow: hidden;
background-color: #0A1128;
}
body {
margin: 0;
}
.content {
padding: 50px;
}
.card-grid {
max-width: 800px;
margin: 0 auto;
display: grid;
grid-gap: 2rem;
grid-template-columns: repeat(auto-fit, minmax(200px, 1fr));
}
.card {
background-color: white;
box-shadow: 2px 2px 12px 1px rgba(140,140,140,.5);
}
.card-title {
font-size: 1.2rem;
font-weight: bold;
color: #034078
}
.state {
font-size: 1.2rem;
color: #1282A2;
}
```

```
.data {
    font-size: 1.2rem;
    color:#1282A2;
}

Button {
border: none;
color: #FEFCFB;
padding: 15px 32px;
text-align: center;
text-decoration: none;
font-size: 16px;
width: 150px;
border-radius: 4px;
transition-duration: 0.4s;
}
.button-on {
    background-color: #858585;
}
```

회로는 [그림 5.3.2]를 이용해서 [그림 5.5.2]와 같이 만들고 위의 프로그램을 모두 ESP8266에 넣으면 된다.

[그림 5.5.2]에서 LED를 GPIO 15번(빨간색)과 13번(파란색)에 연결했지만 13번은 프로그램을 간단하게 하기위해 사용하지 않았다. [그림 5.5.2]에서 AM2320 1번 핀이 빨간색 선으로 ESP8266 NodeMCU 3.3V에 연결하고 3번은 갈색 선으로 GND에 연결했다. 2번은 주황색 선으로 연결해서 GPIO 4번 SDA에 연결했고 4번 노란색 선은 GPIO 5번 SCL에 연결했다.

[그림 5.5.2] ESP8266 NodeMCU에 AM2320을 연결

프로그램을 올리고 브라우저에서 192.168.1.21로 접속하면 [그림 5.5.4]와 같이 온도 습도 그리고 스위치 동작을 알 수 있다.

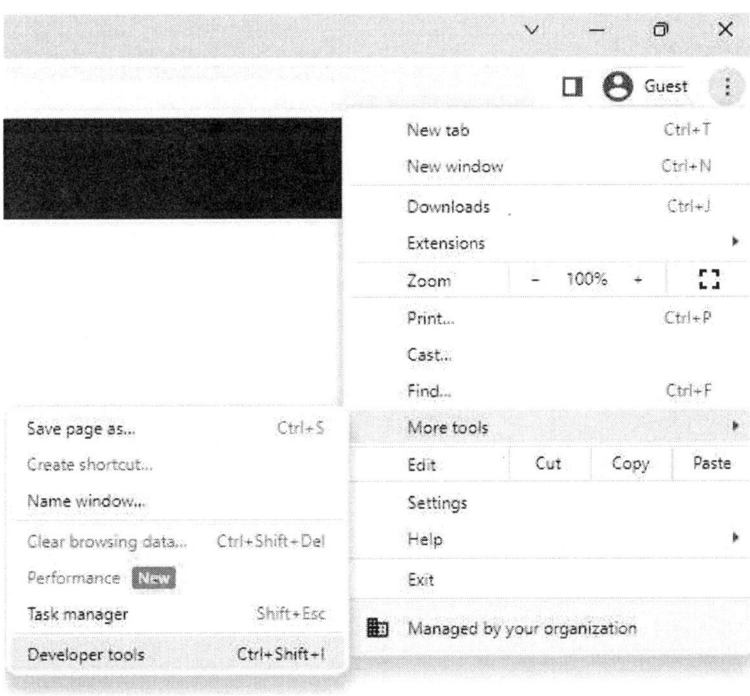

[그림 5.5.3] Developer tools

이때 크롬과 브라우저에서 [그림 5.5.3]과 같이 Developer tools로 들어가서 Console창을 열면 [그림 5.5.4] 오른쪽과 같이 클라이언트 자바스크립트 프로그램에서 Console.log 명령어로 출력하는 값들을 볼 수 있다. 이것은 자바스크립트 프로그램 디버깅에 활용하면 아주 편리하다.

[그림 5.5.4]에서 오른쪽에 표시된 온도, 습도, 스위치 상태 값이 자바스크립트 getData() 함수에 JSON 파일 myObj에 있는 내용을 Console.log 명령으로 출력한 것이다.

맨 아래 작고 검은 삼각형과 함께 표시된 데이터는 스위치를 눌렀을 때 받은 값을 표시한 것이다.

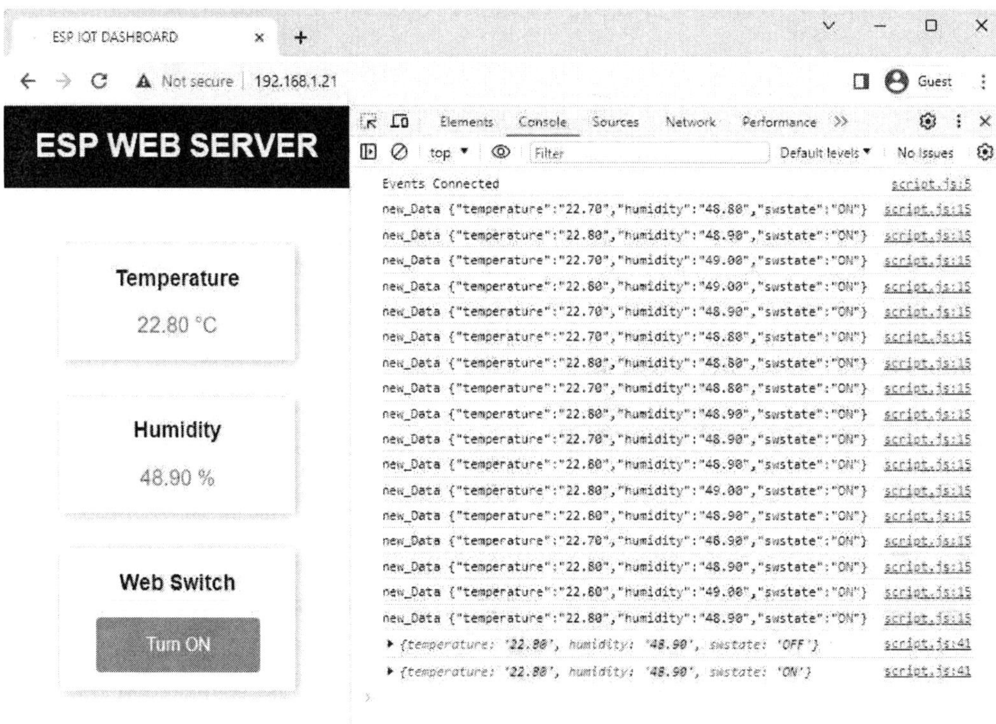

[그림 5.5.4] Console 창 출력 내용

5.6 기초적인 보안 설정

웹페이지를 이용한 제어는 웹페이지 주소만 알면 누구나 접속해서 제어할 수 있다. 따라서 사용자 이름과 비밀번호를 이용해서 장치를 보호하는 방법을 알아보자. 등록된 사용자와 비밀번호로 인증을 하는 기능은 ESPAsyncWebServer.h 라이브러리에 들어있어서 그대로 사용하면 된다. 서버와 통신은 http 프로토콜을 사용하므로 사용자 이름과 비밀번호가 전송될 때 암호화되지는 않는다.

통신에서 암호화 기능을 사용하려면 https 프로토콜을 사용해야 하고 도메인과 SSL 인증서를 구매해서 서버에 등록해야 한다. 또한 전송하기 전에 인코딩해야 하고 전송받은 데이터는 디코딩해야 해서 프로세서에 많은 부하가 걸리므로 이 경우는 ESP32 사용을 추천한다.

5.5절 프로그램을 그대로 사용하고 여기에 보안 설정만 하자.
ESPAsyncWebServer.h 라이브러리에서 제공하는 인증은 매우 간단하다.
먼저 사용자 이름과 비밀번호를 코어 프로그램에 다음과 같이 등록한다.

```
const char *http_username = "admin";
const char *http_password = "password";
```

5.5절 코어 프로그램에서 setup()에서 server.on("/", HTTP_GET, ...) 명령안에 다음에 있는 인증 부분을 추가 한다.

```
if(!request->authenticate(http_username, http_password))
                return request->requestAuthentication();
```

그러면 다음과 같이 쓸 수 있다.

```
server.on("/", HTTP_GET, [](AsyncWebServerRequest *request)
            {
              if(!request->authenticate(http_username, http_password))
                return request->requestAuthentication();
              request->send(LittleFS, "/index.html", "text/html"); });
```

별도로 로그인 페이지를 만들지 않아도 ESPAsyncWebServer.h 라이브러리에서 준비된 로그인 페이지를 보내고 인증 절차를 거치게 된다.

클라이언트에서 요청하는 서버에 있는 다른 모든 명령도 인증 부분을 추가하면 된다. 이 명령들은 인증이 되어 있으면 그대로 명령을 수행하지만, 인증이 되어 있지 않으면 로그인 페이지를 보내게 된다.

5.5절 코어 프로그램에서 인증 확인을 넣어야 하는 부분은 다음과 같다.

```
server.on("/", HTTP_GET, ...
server.on("/readData", HTTP_GET, ...
server.on("/onoff", HTTP_GET, ...
```

이 부분들에 모두 인증 부분을 넣으면 다음과 같다.

```
server.on("/", HTTP_GET, [](AsyncWebServerRequest *request)
            {
              if(!request->authenticate(http_username, http_password))
                return request->requestAuthentication();
```

```
            request->send(LittleFS, "/index.html", "text/html"); });

server.on("/readData", HTTP_GET, [](AsyncWebServerRequest *request)
           {
            if(!request->authenticate(http_username, http_password))
              return request->requestAuthentication();
            json = getSensorData();
            request->send(200, "application/json", json);
            Serial.println(json);
            json = String(); });

server.on("/onoff", HTTP_GET, [](AsyncWebServerRequest *request)
           {
            if(!request->authenticate(http_username, http_password))
              return request->requestAuthentication();
    if (digitalRead(swPin))
        {
          digitalWrite(swPin, LOW);
        }
        else
        {
          digitalWrite(swPin, HIGH);
        }
        json = getSensorData();
    request->send(200, "application/json", json);
    json = String(); });

/* logout 처리부분 */
server.on("/logout", HTTP_GET, [](AsyncWebServerRequest *request)
           { request->send(LittleFS, "/logout.html", "text/html"); });
```

그리고 마지막에 logout 부분을 넣는다. 이 명령은 index.html에 LOGOUT 버튼을 만들어서 넣고 코어 프로그램에 logout 명령을 처리하는 부분을 위와 같이 넣는다.

logout 버튼을 넣은 index.html은 다음과 같다.

```
<!DOCTYPE html>
<html>
  <head>
    <title>ESP IOT DASHBOARD</title>
    <meta name="viewport" content="width=device-width,
initial-scale=1" />
    <link rel="stylesheet" type="text/css" href="style.css" />
    <script src="script.js"></script>
  </head>
  <body>
    <div class="topnav">
      <h1>ESP WEB SERVER</h1>
    </div>
    <div class="content">
      <div class="card-grid">
        <div class="card">
          <p class="card-title">Temperature</p>
          <p class="data"><span id="temp"></span> &deg;C</p>
        </div>
        <div class="card">
          <p class="card-title">Humidity</p>
          <p class="data"><span id="humi"></span> &percnt;</p>
        </div>
```

```
        <div class="card">
          <p class="card-title">Web Switch</p>
          <p>
            <button          class="button-on"           id="submit"
onclick="SWclick()">
              Turn <span id="state"></span>
            </button>
          </p>
        </div>
        <div class="card">
          <p>
            <button class="button-logout" id="submit"
                    onclick="logout()">LOGOUT</button>
          </p>
        </div>
      </div>
    </div>
  </body>
</html>
```

자바스크리트 script.js 파일에도 logout() 함수를 다음과 같이 만들어서 추가 한다.

```
function logout() {
    var xhr = new XMLHttpRequest();
    xhr.open("GET", "/logout", true);
    xhr.send();
    setTimeout(function(){ window.open("/logout","_self"); }, 1000);
}
```

스타일 파일 style.css에도 button-logout 클래스를 다음과 같이 추가한다.

```
.button-logout {
    color: #0A1128;
}
```

마지막으로 logout.html 파일을 다음과 같이 만들어서 index.html, style.css, script.js 파일이 들어있는 data 폴더안에 넣는다.

```
<!DOCTYPE html>
<html>
  <head>
    <meta name="viewport" content="width=device-width,
     initial-scale=1" />
  </head>
  <body>
    <p>Logged out or <a href="/">return to homepage</a>.</p>
    <p>
      <strong>Note:</strong> close all web browser tabs to complete
the logout
      process.
    </p>
  </body>
</html>
```

프로그램을 모두 앞에서와 같은 방법으로 ESP8266에 올리고 서버에 접속하면 처음에 [그림 5.6.1]과 같이 로그인 페이지가 뜬다.

[그림 5.6.1] 로그인 페이지

여기에 서버에 등록해 놓은 사용자 이름과 비밀번호를 넣으면 [그림 5.6.2]와 같이 index.html 페이지가 열린다.

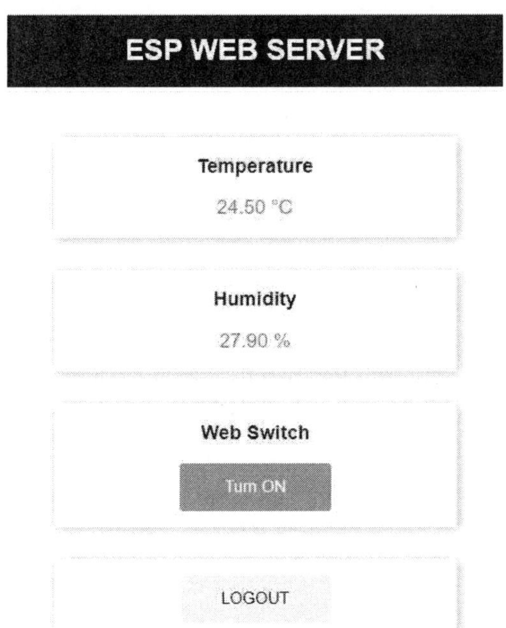

[그림 5.6.2] 로그아웃 버튼이 있는 index.html 페이지

다른 동작은 5.4절과 똑같이 온도와 습도가 변하면 자동으로 업데이트되고 웹스위치 버튼을 누르면 누를 때마다 스위치가 켜지고 꺼진다. 또한 추가된 로그아웃 버튼이 보이고 이 버튼을 누르면 [그림 5.5.3]과 같이 logout.html 페이지가 열린다.

로그아웃 페이지에 설명한 것같이 열려있는 브라우저 창을 모두 닫으면 로그아웃이 되고 되돌아가려면 return to homepage를 누르면 된다.

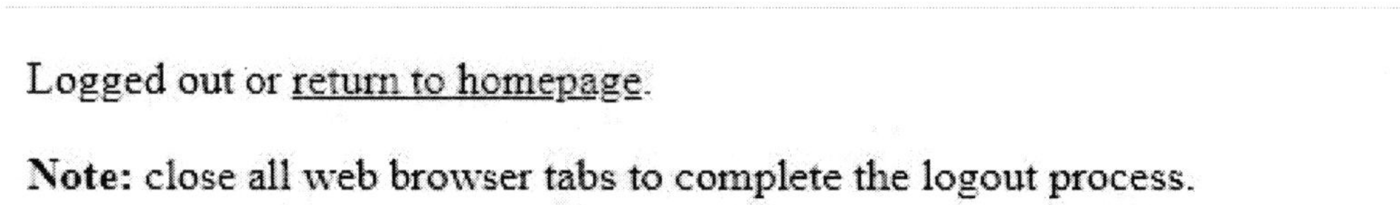

[그림 5.5.3] logout.html 페이지

06 ESP8266 회로 설계 및 제작

5장까지는 ESP8266 웹서버를 이용해서 프로그램을 테스트하기 위해서 간단히 LED를 포트에 연결해서 사용했다. 6 장에서는 전등이나 전열기 등 실제 가전제품을 연결할 수 있는 회로로 하나하나 개선해 나가는 과정을 설명한다.

실제 회로에는 ESP8266 Node MCU를 넣지 않고 ESP-12S를 넣었다. 실제 사용하는 회로에 ESP8266 Node MCU를 넣어도 되지만 ESP8266 Node MCU는 프로그램 개발 테스트할 때 사용하고 개발이 끝나면 주변 장치가 없는 ESP-12 칩에 프로그램을 넣고 개발된 회로에 ESP-12 칩을 넣어서 사용한다. ESP-12 칩에 프로그램을 써넣기 위해서는 간단한 장치가 필요한데, 이 부분은 7장에서 설명한다.

6.1 릴레이 제어 회로

앞의 예에서 사용했던 LED는 소비전류가 수 mA로 작아서 ESP8266 포트를 이용해서 직접 제어해도 문제가 없지만 다른 전기 장치들은 직접 포트로 제어할 수 없다.

(a) (b)

[그림 6.1.1] (a) 10A 250VAC, (b) 30A 250VAC 릴레이

직류 전원을 제어하는 경우는 트랜지스터를 이용해서 제어할 수 있지만 가정용 220V 교류 전원을 사용하는 장치들은 SSR(Solid State Relay) 또는 기계식릴레이에 연결해서 제어하면 된다.

릴레이도 종류에 따라 여러 가지가 있지만 [그림 6.1.1]과 같이 일반적으로 많이 사용하는 10A 250VAC용 릴레이는 소비전력이 0.45W로 5V에서 90mA의 전류를 사용하고 30A 250VAC용 릴레이는 소비전력이 0.93W로 5V에서 186mA의 전류를 사용한다.

이 정도 전류는 ESP8266 포트에서 직접 제어할 수 없고 트랜지스터를 이용해서 릴레이를 제어해야 한다. 트랜지스터를 이용해서 ESP8266 포트 신호로 릴레이를 제어하는 회로는 [그림 6.1.2]와 같다.

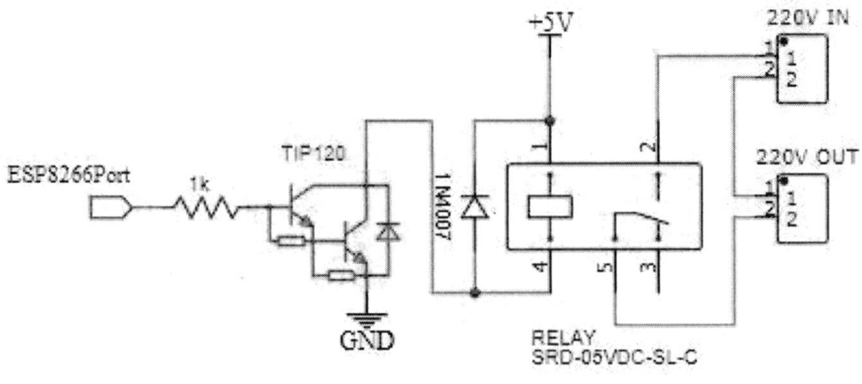

[그림 6.1.2] 릴레이 제어 회로

[그림 6.1.2] 회로는 NPN 트랜지스터를 이용한 스위치 회로에 릴레이를 연결한 회로다. ESP8266 출력 포트를 1kΩ 저항을 통해서 다알링턴 트랜지스터 TIP120 베이스로 연결해서 포트 신호로 트랜지스터를 켜고 끄게 한다. 포트 신호가 베이스로 들어오면 트랜지스터가 켜진 상태가 되고 트랜지스터의 컬렉터에서 이미터로 전류가 흐른다.

따라서 +5V에 연결된 릴레이 코일에 트랜지스터를 통해서 GND로 전류가 흐르고 트랜지스터가 켜짐에 따라 릴레이도 켜져서 회로의 220V OUT 단자에 220V 전원이 들어오게 된다.

회로에서 릴레이 코일에 병렬로 1N4007 다이오드를 넣은 것은 코일은 전기가 들어가는 순간 0V에서 짧은 시간이지만 5V(코일에 주는 전압)까지 시간에 따라 전압이 증가하고 이는 코일에 역기전력을 발생시키게 된다. 따라서 트랜지스터가 켜지는 순간에 릴레이 코일에 역기전력이 발생하는데 이것을 상쇄하기 위해서 릴레이 코일에 걸어주는 전압의 역방향으로 다이오드를 병렬로 연결한다. 이렇게 하면 릴레이 전압 5V에 대해서 다이오드는 역방향으로 연결되어 있어서 아무 동작도 안 하지만 코일에 역기전력이 걸리는 순간 다이오드는 역기전력에 대해서는 순방향 연결이므로 다이오드를 통해서 역기전력이 흘러서 없어지고 순간적인 역기전력에 의한 회로 손상을 피할 수 있다.

회로에 사용한 릴레이 구동용 트랜지스터는 TIP120로 〈표 6.1.1〉에 표시된 TIP120 스펙과 같이 컬렉터 전류가 5A까지 흘러도 되는 다일링턴 트랜지스터다. [그림 6.1.3]에 TIP120 트랜지스터 핀 배치를 나타냈다.

〈표 6.1.1〉 다알링턴 트랜지스터 TIP120 스펙

Symbol	Parameter	Ratings	Units
V_{CBO}	Collector-Base Voltage : TIP120 : TIP121 : TIP122	60 80 100	V V V
V_{CEO}	Collector-Emitter Voltage : TIP120 : TIP121 : TIP122	60 80 100	V V V
V_{EBO}	Emitter-Base Voltage	5	V
I_C	Collector Current (DC)	5	A
I_{CP}	Collector Current (Pulse)	8	A
I_B	Base Current (DC)	120	mA
P_C	Collector Dissipation (T_a=25°C)	2	W
	Collector Dissipation (T_C=25°C)	65	W
T_J	Junction Temperature	150	°C
T_{STG}	Storage Temperature	- 65 ~ 150	°C

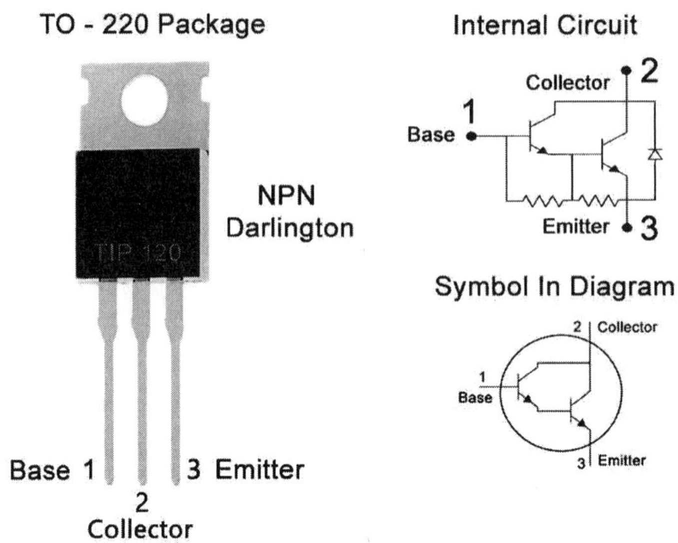

[그림 6.1.3] TIP120 핀 배치

다알링턴 트랜지스터는 두 개의 트랜지스터를 [그림 6.1.3]과 같이 연결해서 만든 트랜지스터다. 첫 번째 트랜지스터는 베이스에 입력된 작은 입력신호를 증폭해서 두 번째 트랜지스터의 베이스로 보내고 두 번째 트랜지스터가 충분히 커진 베이스 신호로 두 번째 트랜지스터의 컬렉터에서 큰 전류가 흐를 수 있다. 이렇게 동작하도록 만든 트랜지스터가 다알링턴 트랜지스터다.

릴레이는 연결하는 부하의 소비전력에 따라 선택하면 되는데 220V에서 부하 소비전력이 1kW라면 전류는 약 4.55A가 흐르고 2kW라면 약 9.1A가 흐른다. 따라서 소비전력이 2kW 이하라면 이론적으로는 10A 250VAC 릴레이를 사용하면 되지만 2kW의 경우 사용 가능 용량의 91%를 사용하므로 안전을 위해서 이 경우는 허용 전류가 20A 이상이 되는 릴레이를 사용할 것은 권한다. 10A 250VAC 릴레이는 소비전력이 1.5kW 이하에서만 사용할 것을 권한다.

릴레이를 선택했다면 릴레이 구동을 위한 회로에서 트랜지스터를 선택해야 한다. 〈표 6.1.2〉에 사용하는 부하 소비전력이 1.5kW 이하일 때 사용할 10A, 250VAC 릴레이의 코일 전압에 따른 소비전력을 나타냈는데 여기서는 릴레이 구동 전압이 5V인 것을 사용하므로 소비전력은 0.45W이고, 사용 전류는 89.3mA이다.

5V 코일 전압을 사용하는 릴레이의 정식 명칭은 SRD-05VDC-SL-C 10A 250VAC이다.

〈표 6.1.2〉 10A, 250VAC 릴레이 코일 소비전력

6. COIL DATA CHART (AT20°C)

Coil Sensitivity	Coil Voltage Code	Nominal Voltage (VDC)	Nominal Current (mA)	Coil Resistance (Ω) ±10%	Power Consumption (W)	Pull-In Voltage (VDC)	Drop-Out Voltage (VDC)	Max-Allowable Voltage (VDC)
SRD (High Sensitivity)	03	03	120	25	abt. 0.36W	75%Max.	10% Min.	120%
	05	05	71.4	70				
	06	06	60	100				
	09	09	40	225				
	12	12	30	400				
	24	24	15	1600				
	48	48	7.5	6400				
SRD (Standard)	03	03	150	20	abt. 0.45W	75% Max.	10% Min.	110%
	05	05	89.3	55				
	06	06	75	80				
	09	09	50	180				
	12	12	37.5	320				
	24	24	18.7	1280				
	48	48	10	4500	abt. 0.51W			

사용하는 부하의 소비전력이 1.5kW 이상이고 5kW 이하일 때 사용하게 되는 30A, 250VAC 릴레이의 코일 전압에 따른 소비전력을 〈표 6.1.3〉에 표시했다.

〈표 6.1.3〉 30A, 250VAC 릴레이 코일 소비전력

Power dissipation W	Voltage VDC	Current mA	Resistance Ω± 10%	Pick-up voltage	Drop-out voltage	Max allowable
0.9W (L)	05	185	27	75%Max	10%Min	130%
	06	150	40			
	09	100	90			
	12	75	160			
	18	50	380			

릴레이 정시 명칭은 SLA-05VDC-SL-A 30A, 250VAC로 코일 전압은 5V를 사용한다. 〈표 6.1.3〉에서 5V 코일 전압을 사용하는 릴레이는 소비전력이 0.9W로 코일에 185mA의 전류가 흐른다.

트랜지스터 선택에서 이 두 경우 모두 컬렉터 전류가 1A인 범용 NPN 트랜지스터 2N2222를 사용해도 된다. 트랜지스터 스펙에는 컬렉터 전류가 최대 1A까지 사용 가능하다고 하지만 경험으로 보면 500mA 이상 전류가 흐르면 트랜지스터가 너무 뜨거워져서 그 상태로 동작하는 게 신기할 정도다. 따라서 실제 사용에는 반복적인 ON OFF와 연속적인 ON 상태의 지속 등 여러 가지 상황이 발생하므로 안전을 위해서 허용 전류가 사용 전류보다 수십 배 큰 TIP120을 사용했다.

6.2 포트 모니터 LED 회로

포트 신호로 릴레이만 구동하면 포트가 제대로 동작하는지를 확인하기 어렵다. 따라서 포트 신호로 릴레이를 구동하고, 동시에 릴레이 상태와 같이 LED도 켜고 꺼지도록 회로를 추가하자. 이 경우는 하나의 포트 신호로 릴레이도 구동해야 하고 LED도 구동해야 하므로 LED를 직접 저항을 통해 포트에 병렬로 연결하면 LED는 켜지나 릴레이가 켜지지 않는 문제가 있다.

이것은 LED 측 임피던스가 트랜지스터 베이스 측 임피던스보다 작아서 포트 출력전류 대부분이 LED로 흘러가서 트랜지스터를 통해 릴레이를 구동할 전류가 부족하기 때문이다. 이를 해결하기 위해 LED도 트랜지스터를 이용해서 구동하고 LED 측보다는 릴레이 측에 더 많은 전류를 공급하기 위해 LED 측 트랜지스터 베이스 입력단에 2kΩ 저항을 사용하고 릴레이 측 트랜지스터 베이스 입력단에는 1kΩ 저항을 사용한다. 이렇게 하면 하나의 포트 출력 신호로 LED와 릴레이를 모두 구동할 수 있고 LED가 켜지고 꺼짐으로 포트 상태를 바로 확인 할 수 있다. 회로는 [그림 6.2.1]에 있다.

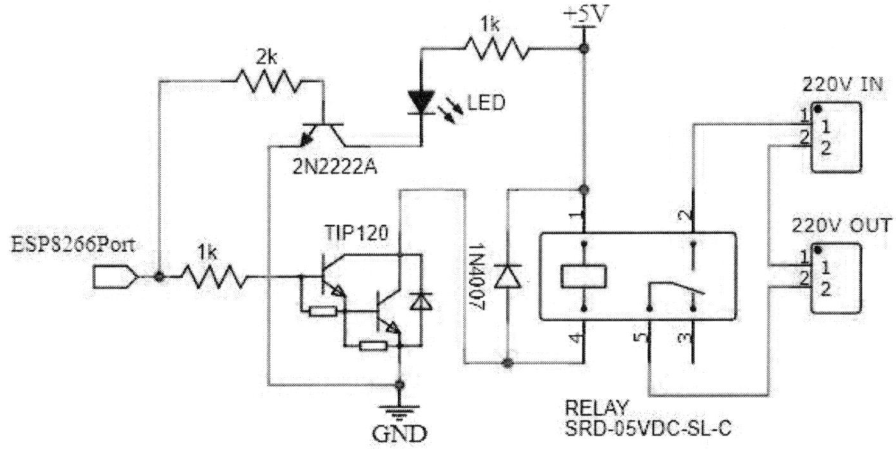

[그림 6.2.1] 포트 모니터 회로 추가

LED 구동에 사용한 트랜지스터는 NPN형 트랜지스터로 가장 일반적으로 많이 쓰는 2N2222를 사용했다. 이 경우는 전원이 5V이고 1kΩ 저항을 통해서 LED만 구동하므로 흐르는 전류는 5mA 정도로 아무 문제가 없다. [그림 6.2.2]에 2N2222 트랜지스터 핀 배치를 보였다.

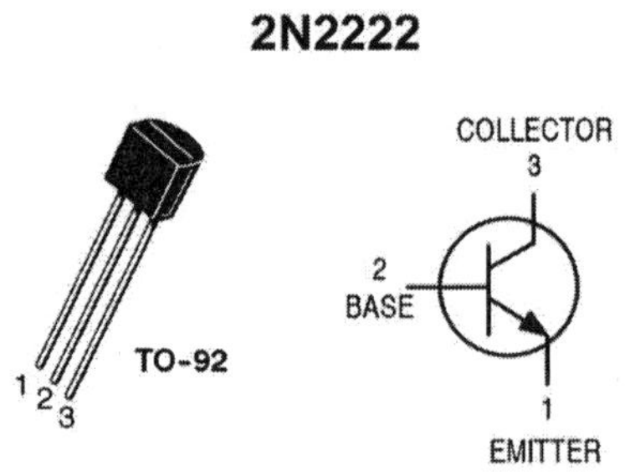

[그림 6.2.2] 2N2222 트랜지스터 핀 배치

6.3 AM2320 온도 습도 센서

AM2320 센서에 대한 자세한 설명은 5.3절에서 했고 여기에서는 회로에 어떻게 넣을 것 인지 설명했다. AM2320 센서 핀 배치는 [그림 6.3.1]과 같다.

[그림 6.3.1] AM2320 핀 배치

ESP-12S와 연결은 AM2320 센서 1번 VDD에 3.3V 전원(ESP-12S 8번 VCC)을 연결하고 3번 GND는 ESP-12S 9번 GND와 연결한다. ESP-12S는 GPIO 4번과 SDA를 같이 쓰므로 AM2320 센서 2번 SDA를 ESP-12S 13번(GPIO4/SDA)에 연결한다. 또한 ESP-12S에서 GPIO 5번과 SCL을 같이 쓰므로 AM2320 센서 4번 SCL을 ESP12S 14번(GPIO5/SCL)에 연결한다.

ESP-12S와 AM2320 전체 연결은 [그림 6.3.2]와 같다.

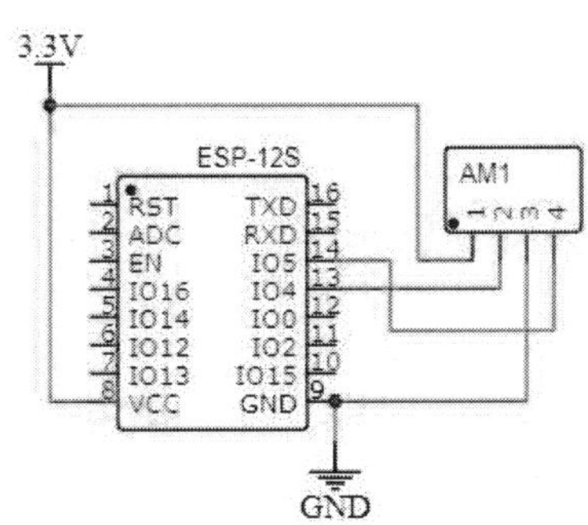

[그림 6.3.2] AM2320과 ESP8266 연결

6.4 전원부

전원은 릴레이와 LED를 동작시키기 위한 5V와 ESP8266 전원으로 사용하는 3.3V 두 종류가 필요하다. 전원은 편리에 따라 220VAC를 5VDC로 바꾸어 주는 파워 모듈을 사용해도 되고 220VAC용 7-12V 출력의 파워 어댑터를 사용해도 된다. [그림 6.4.1]에 전원부 회로가 있다.

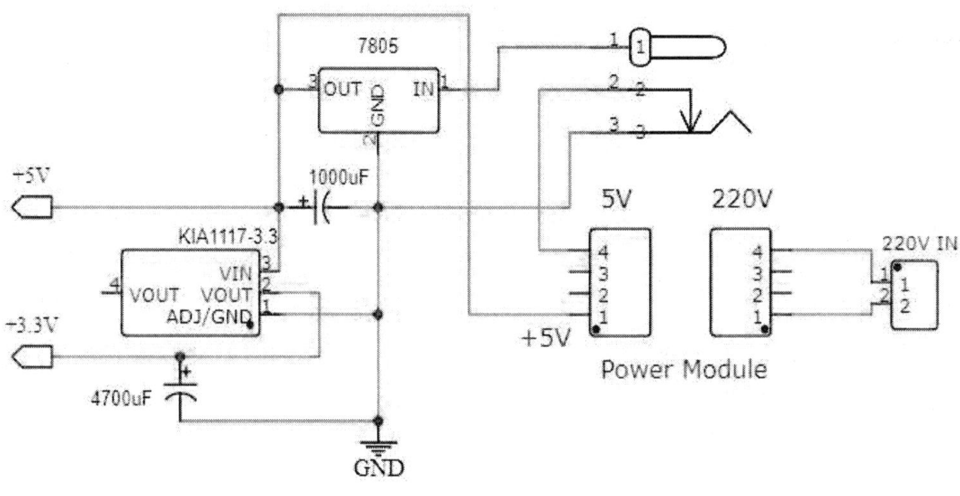

[그림 6.4.1] 전원부 회로

회로에는 둘 모두를 연결할 수 있도록 했다. 7-12V 어댑터를 사용할 때 들어오는 전압을 5V용 정전압 IC 7805를 사용해서 5V로 낮추어서 공급하고 공급된 5V를 다시 3.3V 정전압 IC 3.3V AMS1117을 사용해서 3.3V로 낮추어서 공급한다.

5V 파워 모듈은 출력이 5V 700mA인 [그림 6.4.2]와 같은 모듈을 사용했다.

[그림 6.4.2] 5V 700mA 파워 모듈

7-12V 어댑터를 사용할 때는 정전압 IC 7805를 사용해서 5V로 전압을 낮추어서 공급한다. 7805는 최대 1A까지 전류를 공급한다. 7805 핀 배치는 [그림 6.4.3]에 있다.

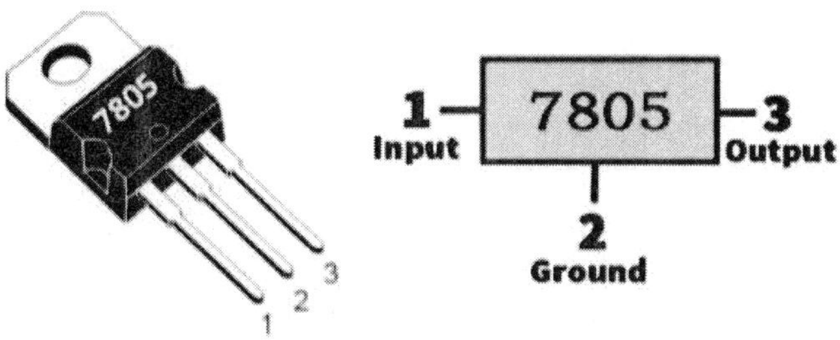

[그림 6.4.3] 7805 핀 배치

사용법은 [그림 6.4.4]와 같이 간단하다. 입력 핀과 GND 사이에 입력전압 7-12V를 연결하면 출력 핀과 GND 사이에 5V가 출력된다.

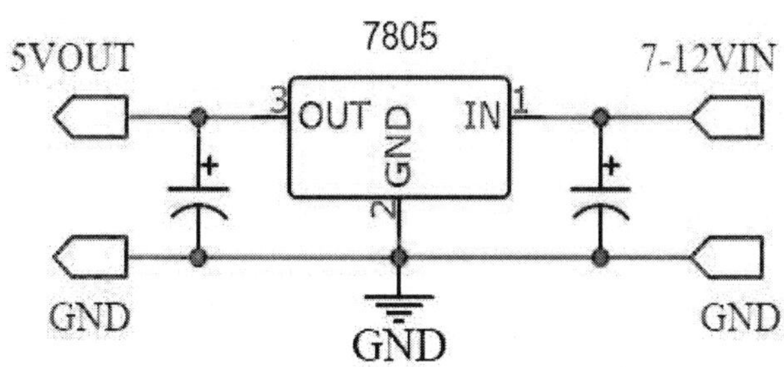

[그림 6.4.4] 7805 사용법

5V를 3.3V로 낮추어 주는 정전압 IC는 AMS1117을 사용한다. AMS1117도 최대 출력전류가 1A로 7805 IC와 같다. AMS1117 핀 배치는 [그림 6.4.5]에 있고, 사용 방법은 7805와 같다.

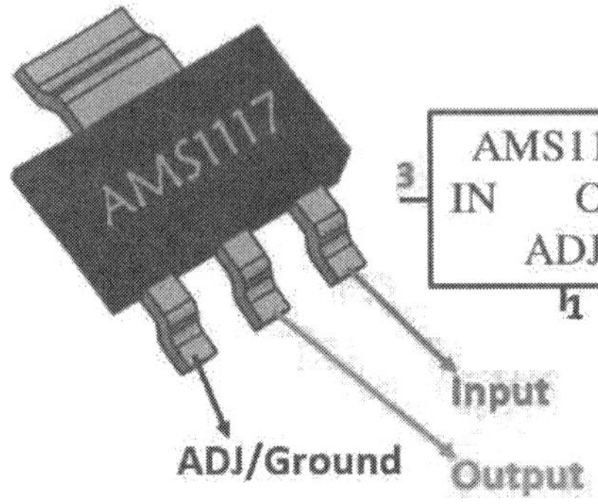

[그림 6.4.5] AMS1117 핀 배치

6.5 전체 회로

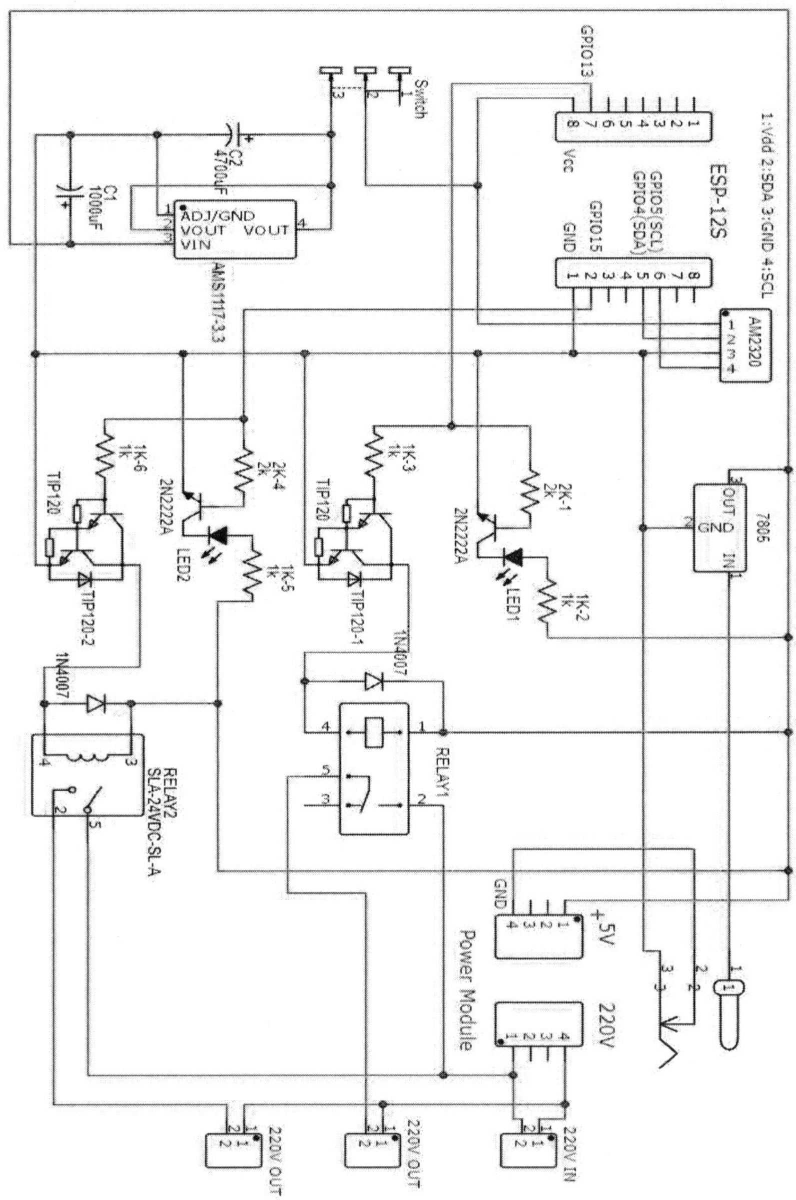

[그림 6.5.1] 전체 회로도

ESP8266을 이용해서 두 개의 릴레이를 ESP8266 웹서버에서 서비스하는 웹페이지에서 제어하기 위한 전체 회로도를 [그림 6.5.1]에 넣었다. AM2320센서를 이용해서 온도와 습도를 측정하는 회로도 함께 들어 있다.

이 회로에 들어가는 ESP-12S칩은 그림 6.5.2(a)에 있고 (b)에는 핀 배치가 표시되어 있다.

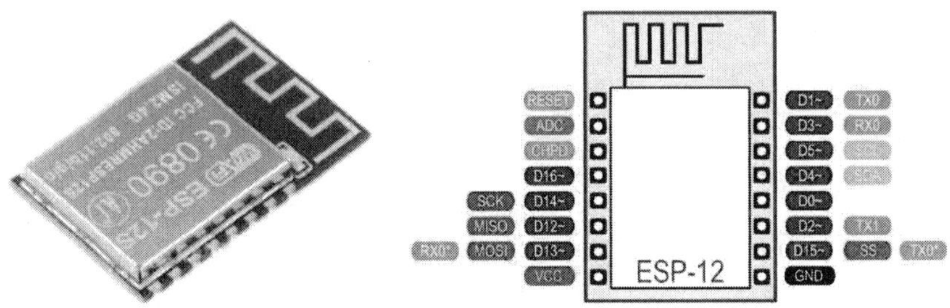

(a) (b)

[그림 6.5.2] ESP-12칩 모양(A)과 핀 배치(b)

ESP-12 칩을 직접 납땜해서 회로에 넣으면 프로그램을 할 수 없으므로 [그림 6.5.3]과 같이 ESP-12 칩을 붙일 수 있는 받침에 ESP-12 칩을 납땜하고 회로에는 소켓을 넣어서 ESP-12 칩을 필요에 따라 꺼내서 프로그램을 다시 넣을 수 있도록 해야 한다.

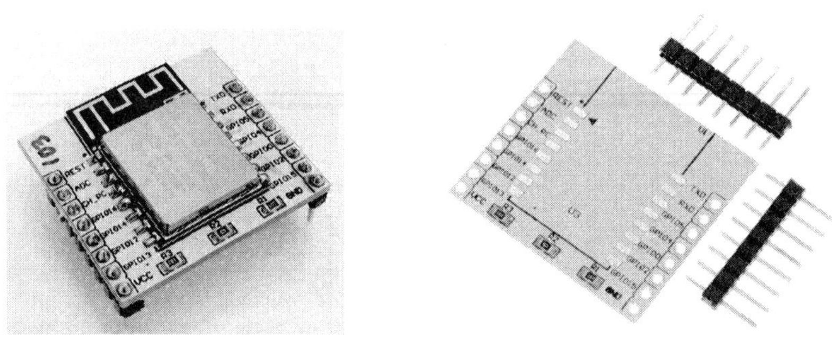

[그림 6.5.3] ESP-12 칩과 받침

6.6 PCB 제작

PCB를 만들기 전에 회로가 정상적으로 동작하는지 부분별로 Bread Board에 회로를 만들고 테스트한다. 이 회로에서 테스트할 부분은 LED를 켜기 위한 2N2222 트랜지스터의 베이스에 연결한 1kΩ 저항과 릴레이를 동작시키기 위한 TIP120 트랜지스터 베이스에 연결된 2kΩ 저항값이 맞는지를 확인하는 부분이다. 만일 신호가 들어올 때 두 트랜지스터가 제대로 동작하지 않으면 저항값을 바꾸어서 제대로 동작하는 저항값을 찾아야 한다. 테스트 결과 모두 이상 없이 동작하는 것을 확인했다.

PCB를 만들기 위해서는 먼저 프로그램으로 [그림 6.5.1] 회로를 그려야 한다. 필자는 EasyEDA라는 프로그램을 사용했다. Free Edition은 공짜다.

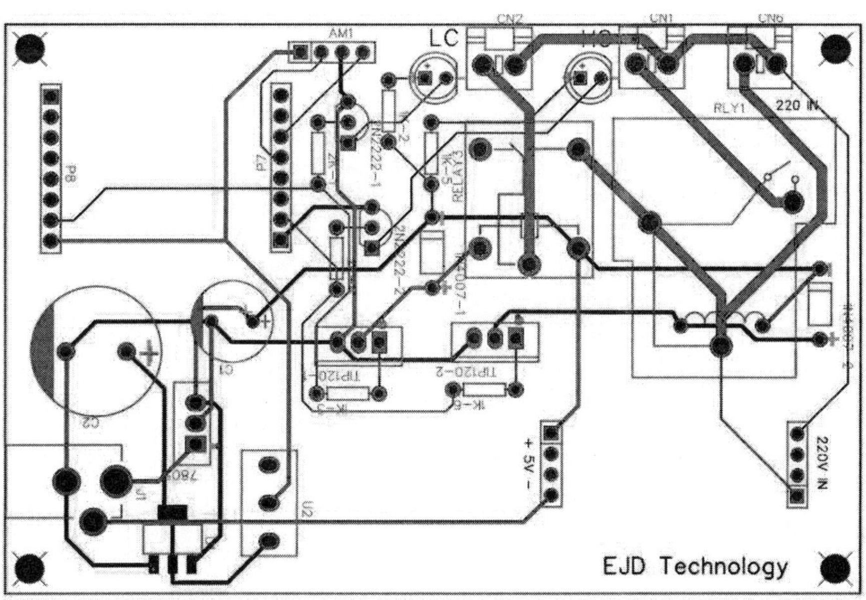

[그림 6.6.1] 그림 5.5.1 회로 PCB

Free Edition에도 PCB 자동 라우팅 등 모든 기능을 쓸 수 있어서 불편함이 없다. 다음 사이트에 들어가면 프로그램을 받아서 사용할 수 있다.

https://easyeda.com/

회로를 디자인 프로그램에서 그리고 디자인을 PCB 바꾸고 부품을 배치한 후에 auto routing을 사용하면 자동으로 PCB를 디자인한다. 마지막으로 필요한 부분이 있으면 수동으로 그 부분만 수정해서 완성하면 PCB 디자인은 끝난다. PCB 파일을 Gerber 파일로 저장해서 PCB 업체에 온라인으로 파일을 보내면 PCB를 만들어서 보내준다. 프로토타입은 5장이 기본이며 가격은 배송비 포함 1~2 만원(2023년) 정도지만 프로모션 등을 잘 이용하면 몇천 원에 주문할 수 있다.

[그림 6.5.1]에 있는 회로를 PCB로 바꾼 것이 [그림 6.6.1]에 있다. PCB를 자동 라우팅을 이용해서 만들고 릴레이에 부하를 연결하는 부분은 선 굵기를 1.27mm로 바꾸어서 연결한다. 사실 이 정도 선 굵기도 전열기를 연결하면 전열기로 흐르는 전류를 감당하기 어려워서 문제가 된다. 따라서 별도의 굵은 선으로 이 부분은 연결을 보강해야 한다. 이렇게 제작된 PCB가 [그림 6.6.2]에 있다.

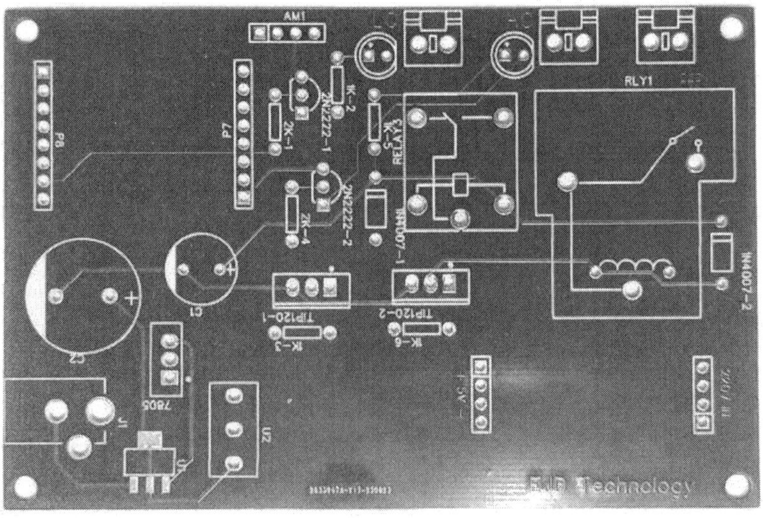

(a) 앞 면

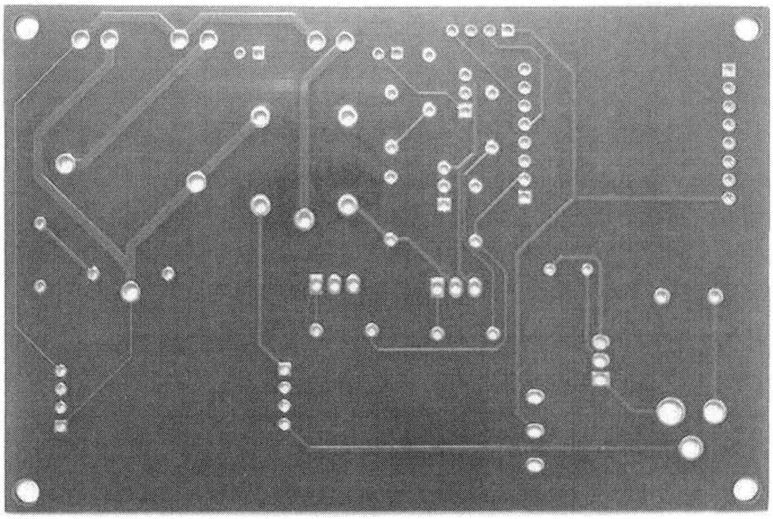

(b) 뒷 면

[그림 6.6.2] 제작된 PCB 앞면과 뒷면

6.7 부품 및 조립

필요한 부품 리스트는 다음과 같다.

- ESP-12S와 받침 : 각 1개 (그림 6.5.3)
- AM2320 온도 습도 센서 : 1개 (그림 6.3.1)
- 2N2222 트랜지스터 : 2개 (그림 6.2.2)
- TIP120 트랜지스터 : 2개 (그림 6.1.3)
- AMS1117 3.3V : 1개 (그림 6.4.3)
- 7805 : 1개 (그림 6.4.4)
- 1kΩ 저항 : 4개
- 2kΩ 저항 : 2개
- LED 빨간색, 녹색 : 각 1개
- 4700μF 25V 콘덴서 : 1개
- 1000μF 25V 콘덴서 : 1개
- SLA-05VDC-SL-A (30A, 240VAC) 릴레이 : 1개 (그림 6.1.1(a))
- SRD-05VDC-SL-C (10A, 250VAC) 릴레이 : 1개 (그림 6.1.1(b))
- 220V~5V 0.7A 파워 모듈 : 1개 (그림 6.4.2)
- 3p 스위치 : 1개 (그림 6.7.1(b))
- PCB용 DC 전원 잭 : 1개 (그림 6.7.1(a))
- PCB용 2P 나사터미널 : 3개 (그림 6.7.1(c))
- PCB용 8pin 헤더 소켓 : 2개 (ESP-12S 연결용) (그림 6.7.1(d))
- PCB용 4pin 헤더 소켓 : 1개 (AM2320 연결용) (그림 6.7.1(e))

(a) (b) (c) (d) (e)

[그림 6.7.1] 부품 사진

부품과 PCB가 준비되면 부품들을 납땜해서 조립한다. [그림 6.7.2]에 부품이 조립된 사진이 있다.

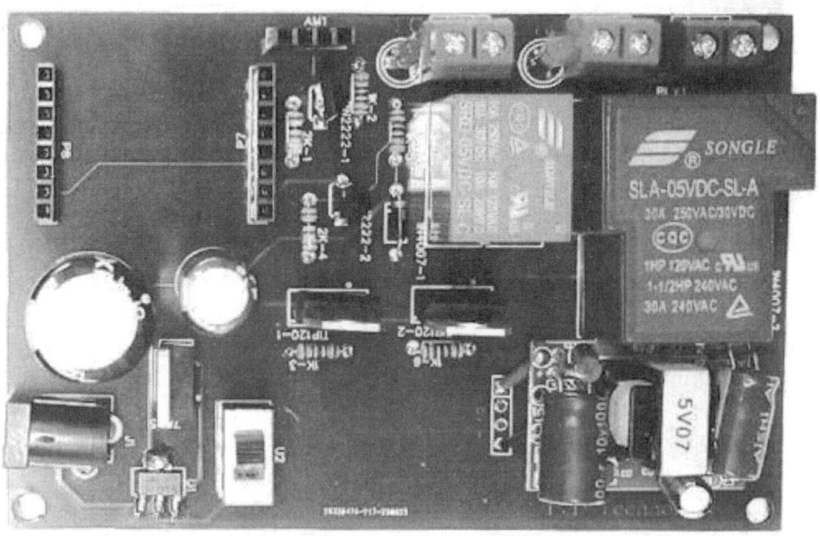

[그림 6.7.2] 부품이 조립된 PCB

전원선에서 릴레이를 통해서 터미널로 연결되는 부분은 부하에 따라 큰 전류가 흐르므로 PCB 회로만으로는 열이 발생해서 PCB 회로가 타거나 심하면 화재 발생 위험이 있다. 따라서 [그림 6.7.3]과같이 이 부분은 굵은 전선(15AWG)으로 배선을 보강했다. [그림 6.7.3]은 PCB 뒷면에 입력 터미널에서 릴레이를 거쳐서 출력 터미널까지 연결된 부분을 굵은 전선으로 보강하고 액체 절연 테이프로 절연을 해 놓은 것이다.

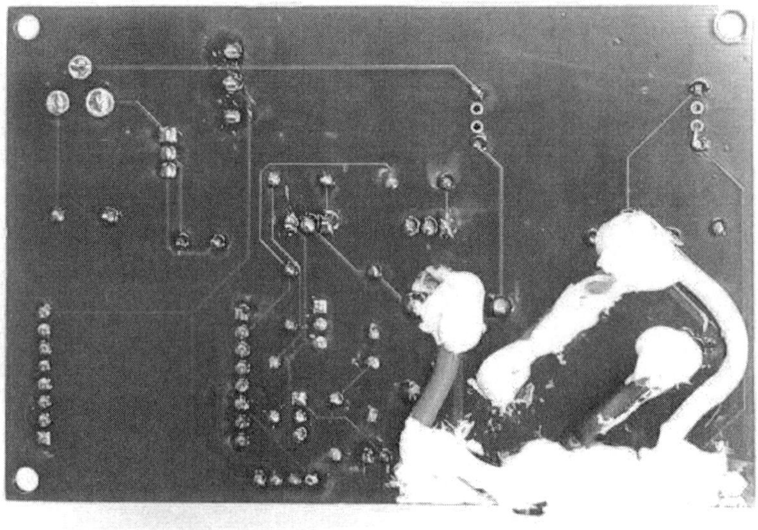

[그림 6.7.3] 부품이 조립된 PCB 뒷면

6장에 소개한 회로는 온도 습도 센서 AM2320과 GPIO 15번과 GPIO 13번을 사용하므로 5.3절, 5.4절, 5.5절 5.6절 프로그램을 이용할 수 있다. 이 프로그램들은 모두 GPIO 15번만 사용해서 GPIO 13번에 연결된 작은 릴레이(10A 250V)는 작동하지 않는다.

07 ESP-12S 프로그램 Writer

ESP-12S에 프로그램을 넣기 위해서 프로그램 Writer가 필요하다. 이 장치는 PC의 USB를 RS232C 시리얼 통신으로 바꾸어 주는 모듈만 있으면 간단히 만들 수 있다.

USB를 RS232C로 바꾸어 주는 모듈은 FT232RL로 [그림 7.1]에 있다.

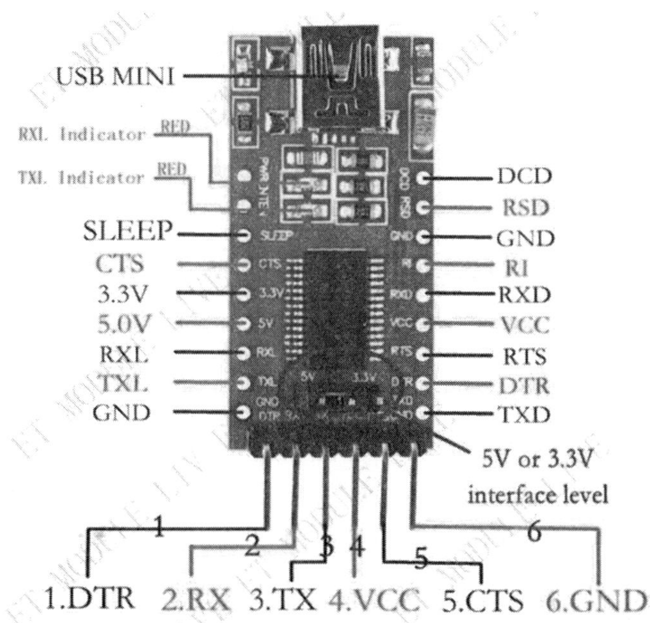

[그림 7.1] FT232RL

ESP-12S가 3.3V 전원을 사용하므로 FT232RL에 interface level을 3.3V에 점퍼로 선택해야 한다.

ESP-12와 FT232RL 연결은 FT232RL TxD와 RxD를 ESP-12S의 RxD와 TxD로 연결하고 GND를 같이 연결하면 된다. 이때 TxD는 RxD로, RxD는 TxD로 연결해야 FT232RL가 보내는 명령 또는 데이터를 ESP-12S에서 받을 수 있고, ESP-12S에서 보내는 데이터를 FT232RL에서 받을 수 있다.

ESP-12S의 전원은 FT232RL에서 공급 받으면 되므로 FT232RL의 3.3V에 ESP-12S Vcc를 연결하면 된다. FT232RL의 전원은 PC로부터 USB를 통해서 공급 받으므로 별도의 전원은 필요가 없다.

ESP-12S 프로그램 Writer 전체 회로는 [그림 7.2]에 있다.

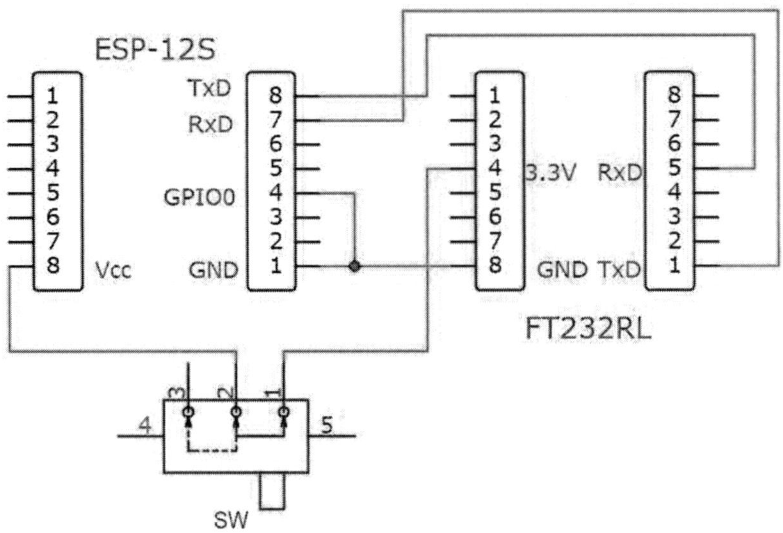

[그림 7.2] ESP-12S 프로그램 Writer 회로

프로그램을 써넣을 때 ESP-12S의 GPIO 0번을 GND와 연결해야 한다. 프로그램은 LittleFS 파일 시스템에 웹페이지와 관계된 파일들을 써넣고 별도로 코어 프로그램도 써넣어야 하는데 이 두 과정을 사이에 ESP-12S의 전원을 잠깐 껐다가 켜야 한다. 이를 위해 ESP12-S의 전원을 연결하거나 끊기 위해 스위치를 넣었다.

8핀 소켓 4개를 준비해서 2개는 ESP-12S를 넣었다 뺄 수 있도록 했고 다른 2개는 FT232RL을 연결했다. 사실 FT232RL은 9핀이 필요하지만 USB 소켓이 있는 쪽 맨 위쪽 핀은 이 경우에 사용하지 않으므로 아래쪽 5개 핀만 연결해도 된다.

[그림 7.3]과 [그림 7.4]에 완성된 ESP-12S 프로그램 Writer 윗면과 뒷면 사진이 있다.

FT232RL을 처음 PC와 연결할 경우 device driver를 설치해야 하는데 다음 링크로 들어가면 PC OS에 맞는 드라이버를 받아서 설치하면 된다.

https://ftdichip.com/drivers/vcp-drivers/

[그림 7.3] ESP-12S 프로그램 Writer 윗면

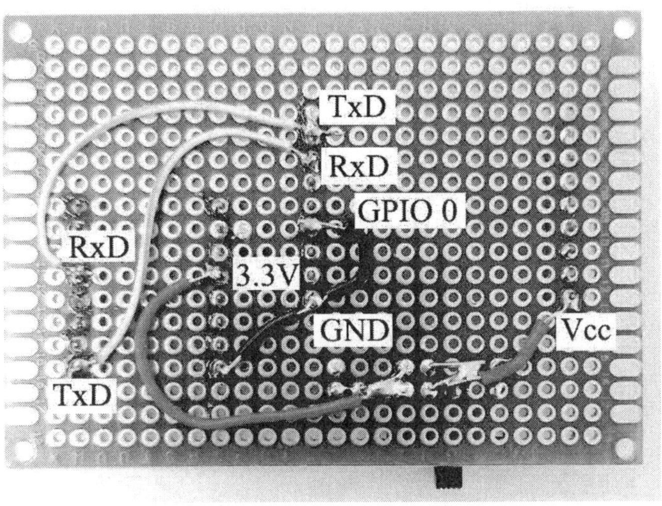

[그림 7.4] ESP-12S 프로그램 Writer 뒷면

windows 10과 11에서 64비트 CPU를 사용하면 다음 파일을 받아서 설치하면 된다.

https://ftdichip.com/wp-content/uploads/2021/11/CDM-v2.12.36.4.U-WHQL-Certified.zip

만일 32비트 CPU일 경우 다음 파일을 받아서 설치하면 된다.

https://ftdichip.com/wp-content/uploads/2021/11/CDM-v2.12.36.4.U-WHQL-Certified.zip

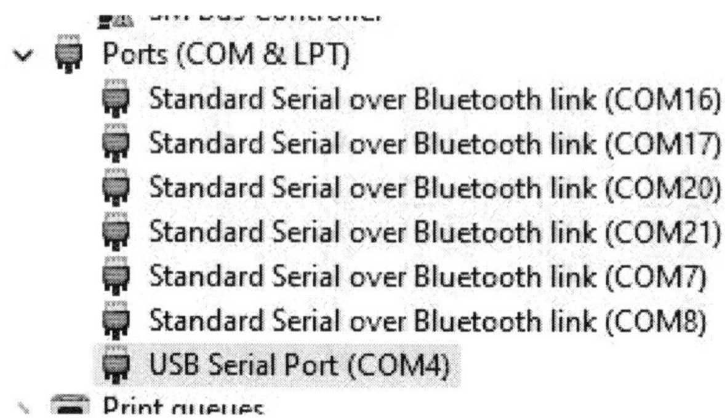

[그림 7.5] FT232RL이 COM4로 연결

드라이버 파일이 제대로 설치되고 장치 관리자(Device Manager)로 들어가서 Ports(COM&LPT)를 열면 [그림 7.5]와 같이 USB Serial Port(COM 번호는 다를 수 있다)로 연결된 것을 볼 수 있다.

[그림 7.6] ESP-12S 프로그램 Writer로 프로그램 Writing

ESP-12S 프로그램 Writer 준비가 되었으면 4.3절에서 설명한 방법대로 프로그램을 올리면 된다. [그림 7.6]은 ESP-12S 프로그램 Writer로 ESP-12S에 프로그램을 넣는 모습이다.

5.6 절에 있는 프로그램을 ESP-12S에 써넣고 6절에서 만든 회로기판에 넣어서 연결한 후에 LED 전등을 연결해서 전등을 켜고 끈 사진이 [그림 7.7]에 있다.

앞 절들에서 설명한 것들이 모두 제대로 동작하는 것을 확인할 수 있다.

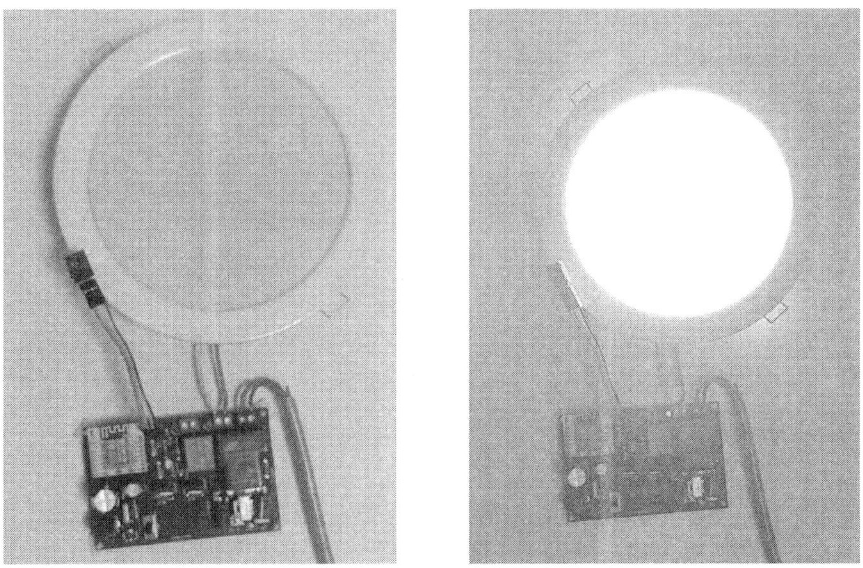

[그림 7.7] 전등 연결 시험

08 라우터 설정

7장까지 IOT 장치를 만들고 프로그래밍해서 넣었다. 그러나 이것만으로는 집안이나 사무실 등 IOT 장치와 같은 네트워크에 있는 시스템에서만 IOT 장치를 조정할 수 있다. 다시 말해서 집 밖이나 사무실 밖 등 다른 곳에서는 IOT 장치를 조정할 수 없는 것이다.

이런 네트워크 문제는 라우터 설정을 해서 모두 해결할 수 있다. 즉 라우터를 설정하면 인터넷이 연결된 곳이면 전 세계 어느 곳에서든 우리가 만든 IOT 장치를 조정할 수 있다.

라우터의 포트 포워드가 내부 네트워크와 외부 네트워크를 연결해 주는 기능이고, 이것을 설정해서 사용하면 된다.

먼저 라우터를 설정하는 곳으로 들어가야 하는데 모든 네트워크 장치는 장치에 접근하는 프로그램으로 브라우저를 사용한다. 라우터 설정에 들어가기 위해서는 먼저 라우터 내부 IP 주소를 알아야 한다.

라우터 내부 IP 주소를 찾는 방법은 다음과 같다.

PC에서 찾기에 cmd를 넣으면 Command Prompt App이 보이고 이것을 누르면 [그림 8.1]과 같이 검은 창이 나타난다.

[그림 8.1] Command Prompt

여기에 ipconfig 명령을 넣으면 PC와 연결된 네트워크 정보가 나타난다. 만일 LAN 선을 통해서 인터넷에 연결되어 있다면 [그림 8.2]와 같이 Ethernet adapter 부분에 주소가 있다. 이 중에서 Default Gateway 주소가 라우터 연결 주소가 된다.

```
Ethernet adapter Ethernet:

   Connection-specific DNS Suffix  . :
   Link-local IPv6 Address . . . . . : fe80::d8d:f39e:cc0a:c069%9
   IPv4 Address. . . . . . . . . . . : 192.168.0.110
   Subnet Mask . . . . . . . . . . . : 255.255.255.0
   Default Gateway . . . . . . . . . : 192.168.0.1
```

[그림 8.2] Ethernet adapter 연결 주소

또는 Wi-Fi로 연결된 경우는 [그림 8.3]과 같이 Wireless LAN adapter 부분에 주소가 있다. 이 경우도 마찬가지로 Default Gateway 주소가 라우터 연결 주소가 된다.

```
Wireless LAN adapter Wi-Fi:

   Connection-specific DNS Suffix  . :
   Link-local IPv6 Address . . . . . : fe80::afa1:9cdc:ef79:f68%5
   IPv4 Address. . . . . . . . . . . : 192.168.1.109
   Subnet Mask . . . . . . . . . . . : 255.255.255.0
   Default Gateway . . . . . . . . . : 192.168.1.1
```

[그림 8.3] Wireless LAN adapter 연결 주소

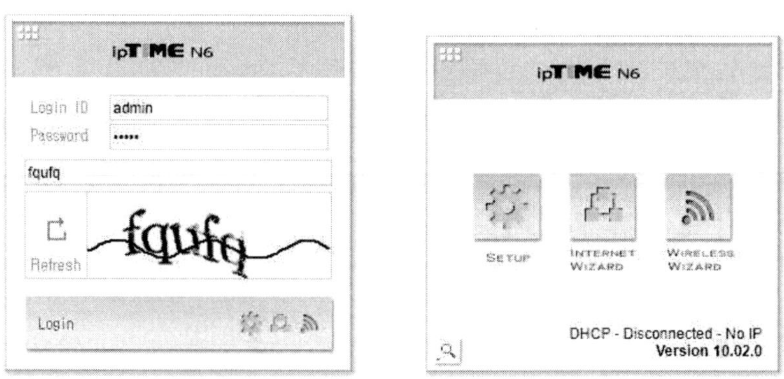

(a) (b)

[그림 8.4] 라우터 로그인 창(a)과 로그인 후 셋업 창(b)

브라우저 주소창에 192.168.1.1를 넣으면 [그림 8.4](a)와 같이 라우터에 로그인하는 창이 뜬다. 여기에 필요한 사항을 모두 입력하면 [그림 8.4](b)와 같이 라우터 설정을 확인하거나 바꿀 수 있다. 이때 로그인하는 창이나 설정 창 모두 라우터 종류에 따라 다르다. 이 경우는 톱니바퀴 모양의 SETUP으로 들어간다.

이때 열리는 창에서 Advanced Setup → NAT/Routing을 선택하고, 여기서 Port Forwarding을 눌러서 들어간다. 이 위치 역시 라우터마다 모두 다르므로 매뉴얼을 참고해서 Port Forwarding이 있는 위치를 찾아서 들어가면 된다. ([그림 8.5])

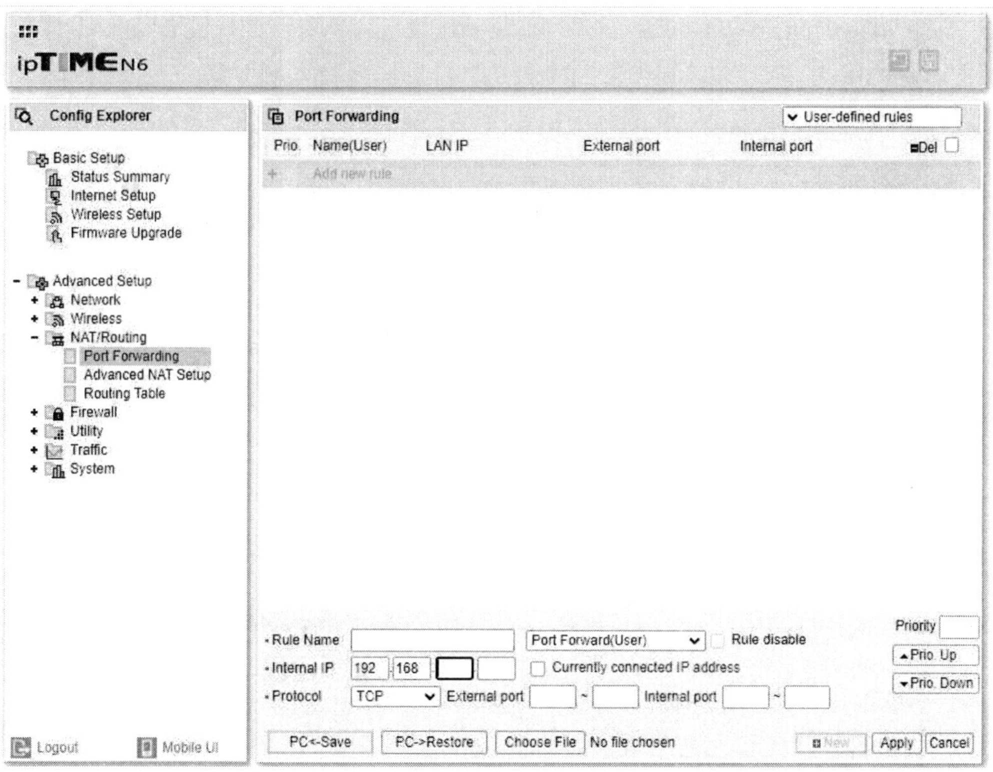

[그림 8.5] Port Forwarding 설정 위치

이제 우리에게 필요한 새 규칙을 만들어서 등록하면 된다. 새 규칙 등록은 [그림 8.5] 아랫부분에 필요한 값을 넣고 저장하면 된다. 우리가 만든 IOT 장치는 IP가 192.168.1.21이고 포트는 80번을 사용하고 있다.

먼저 새 규칙 이름을 IOT-21로 정하고 internal IP는 장치 IP 즉 192.168.1.21을 넣고, Protocol은 TCP/IP를 사용하므로 TCP를 선택한다.

Internal port는 우리가 만든 IOT 장치가 80번을 사용하므로 80을 넣어야 한다. 만일 IOT 장치의 코어 프로그램에서 AsyncWebServer server(80) 명령으로 80번 포트를 지정했으므로 여기서 80번 포트를 사용해야 한다. 만일 이 포트를 바꾸면 라우터에서 Internal port도 같이 바꾸어야 한다.

External port는 외부에서 라우터의 외부 주소와 포트로 192.168.1.21 장치로 연결하도록 지정하는 포트로 다른 프로그램이나 이 라우터에서 사용하지 않는 포트를 쓰면 된다. Internal, External을 모두 80번 포트를 사용해도 되나 일반적인 http 웹 서비스가 80번 포트를 사용하므로 External port는 다른 번호를 사용하자. 여기서는 9021번 포트를 사용하자. 설정되었으면 저장하고 사용하면 된다. [그림 8.6]에 설정 후 저장된 사진이다.

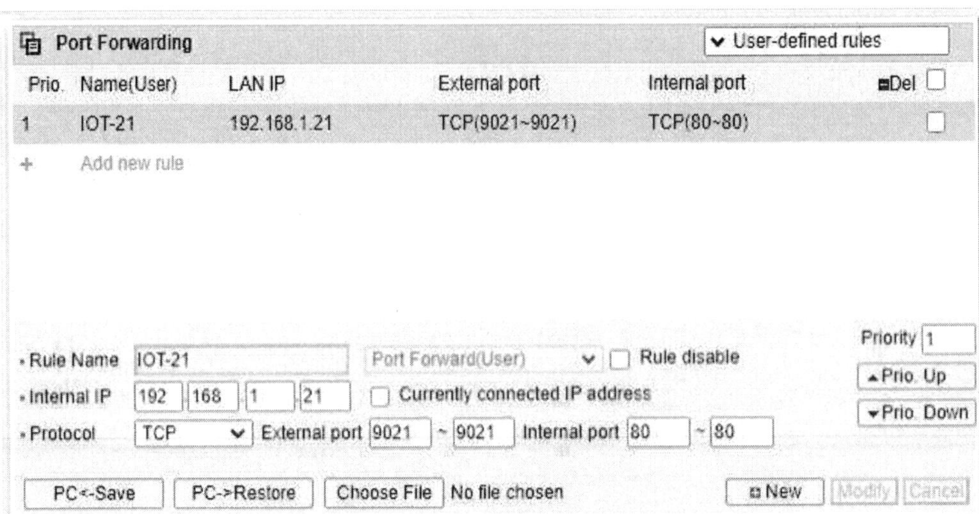

[그림 8.6] Port Forwarding 설정

사용 방법은 http://라우터 외부 IP 주소:9021을 브라우저 주소창에 넣으면 된다. 라우터 외부 IP 주소는 라우터 정보창에서 WAN IP 주소를 말한다.

라우터 외부 주소를 찾는 다른 방법은 Can you see me에서 찾는 방법이 있다.

PC에서 https://www.canyouseeme.org/에 들어가면 Your IP에 보이는 주소가 라우터 외부 IP 주소다.

또한 Port Forward 설정이 제대로 되었는지 확인하려면 IOT 장치를 연결하고 canyouseeme.org 창에서 포트에 우리가 설정한 9021을 넣고 Check Port 버튼을 누르면 된다.

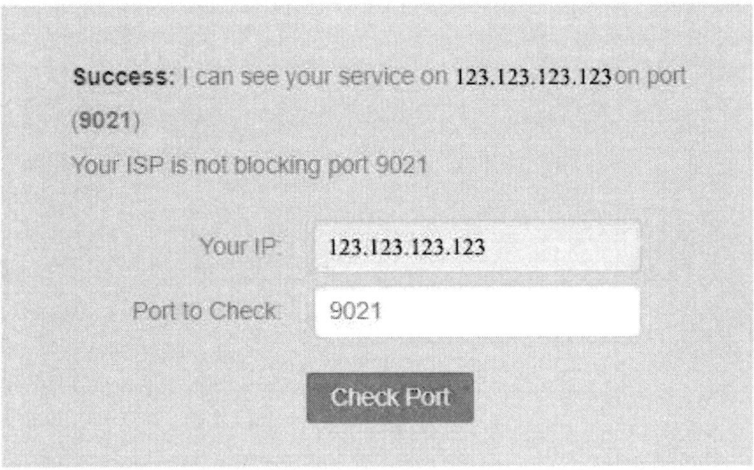

[그림 8.7] Port Forwarding 설정 확인

이때 [그림 8.7]과 같이 Success 가 뜨면 Port Forwarding 설정이 제대로 된 것을 확인 할 수 있다.

IP 주소 123.123.123.123은 임의의 값으로 지정했다. 여러분은 여러분 라우터 외부 연결 IP를 찾아서 써야 한다.

이 경우 외부에서 연결 방법은 http://123.123.123.123:9021 이다.

또는 라우터의 DDNS 기능을 사용하면 IP 주소가 아닌 라우터가 제공하는 DDNS 주소를 사용할 수 있다. 이 경우는 다음이 연결 주소가 된다.

http://DDNS주소:9021

09 참고자료

• 이 책 작성에 ESP8266 Technical Reference
https://www.espressif.com/sites/default/files/documentation/esp8266-technical_reference_en.pdf 를 참고했다.

• ESP8266 주변장치 연결은 ESP8266 Hardware Design Guidelines
https://www.espressif.com/sites/default/files/documentation/esp8266_hardware_design_guidelines_en.pdf 을 참고했다.

• WebServer 설정과 명령은
https://github.com/me-no-dev/ESPAsyncWebServer/tree/maste
사이트에서 README.md를 참고 했고, 웹페이지 디자인과 스타일은 Build_Web_Servers_ESP32_ESP8266_V1 전자 서적을 참고했다.

• LittleFS 파일 시스템은 https://github.com/littlefs-project/littlefs 를 참고했다.

• 웹페이지 토글스위치는 https://alvarotrigo.com/blog/toggle-switch-css/ 를 참고했다.

• PlatformIO는 https://docs.platformio.org/en/stable/what-is-platformio.html 를 참고했다.

ESP8266 마이크로컨트롤러를 이용한
사물인터넷 구축

2024년 1월 20일 1판 1쇄 발행

저 자 염 효 영
발행인 남 승 우

발행처 도서출판 **상尙 학學 당堂**
서울특별시 동작구 사당로9가길 6
TEL : 02) 595-1692~4
FAX : 02) 595-1394
E-mail : shdbooks@naver.com
신고 : 2-155호 (1968. 11. 29)

정가 22,000원

ISBN 978-89-6587-249-8 93560